JN198828

大地をいろどる
鉱物

文・監修：西本昌司

アクアマリン
（藍柱石）

大地をいろどる鉱物
もくじ

◉ 表紙の写真

アメシスト(p.7)
(ウルグアイ産)
写真:門馬綱一

◉ 裏表紙の写真

黄鉄鉱(p.12)
(スペイン産)
写真:門馬綱一

1章 鉱物ってなんだろう？

2章 知っておきたい造岩鉱物12種

トパーズ(p.11,35)

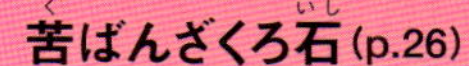

苦ばんざくろ石(p.26)

ムーンストーン(p.19,34)

3章 宝石と鉱石のことをもっと知りたい

はじめに

「鉱物」というと、キラキラしているイメージがあるのではないでしょうか。たしかに、博物館などに展示されている鉱物標本は、光を反射していてとてもきれいなものが多い気がします。図鑑にのっている鉱物標本は、芸術作品のように美しいものが多く、見ているだけでも楽しいものです。

しかし、鉱物の魅力はきれいなことだけではありません。大地の記録が読みとけることです。たとえば、ダイヤモンドが見つかればとても圧力が高いところでできたことがわかります。ジルコンを調べると何年前にできたのかわかります。ひとつひとつの鉱物からわかることはわずかですが、世界じゅうのいろいろな鉱物を調べることで、地球の歴史を解きあかすことにつながっていきます。

それぞれの鉱物に大地の記録がつまっていることを知ると、鉱物のきらめきがさらに美しく感じられるのではないでしょうか。シリーズ「日本列島5億年の旅 大地のビジュアル大図鑑」のほかの本もいっしょに読むことで、さらに理解が深まることでしょう。

西本昌司

この本の使い方

この本は、代表的な鉱物や宝石を写真とイラストで紹介することで、その成り立ちを知り、身近に感じられるように工夫されています。

1章　「鉱物や宝石とは何か」という基本的なことを解説しています。

2章　身近な岩石を区別するために必要な12種の鉱物を紹介しています。

3章　代表的な宝石を4つのタイプのでき方で分けて紹介しています。

見開き（2ページ）または1ページごとに1つのテーマをあつかう。

たくさんの写真とイラストを使ったわかりやすい解説。

1 鉱物や宝石の写真
鉱物標本、母岩つきの宝石の原石、きれいにカットされた宝石などを紹介している。

2 鉱物名や宝石名
写真で紹介している鉱物や宝石の名前。

3 鉱物や宝石の情報
英名、化学式、結晶系、分類、モース硬度、比重、へき開、条痕色、光沢を示している。

4 イラスト
鉱物や宝石のでき方を絵でわかるように示している。

5 本文
見開きで紹介している鉱物や宝石の特徴について解説している。

6 スケール
鉱物標本の大きさを知るための目安。

7 用語解説
そのページの内容をより深く理解するために必要な用語の意味を解説している。

8 コラムやインタビュー
鉱物にまつわるエピソードや専門家からの話を紹介する。

アイコン ◉ アイコンは、シリーズ「日本列島5億年の旅 大地のビジュアル大図鑑」の全6巻共通で使用しています。

ほかの巻に関連する内容は、以下のアイコンで示している。

 地球の中の日本列島

 地球は生きている 火山と地震

 時をきざむ地層

 大地をつくる岩石

 大地にねむる化石

 水に深くかかわるもの。

 人びとのくらしにとって大切なもの。

 昔から人に深くかかわりがあるもの。

（例）

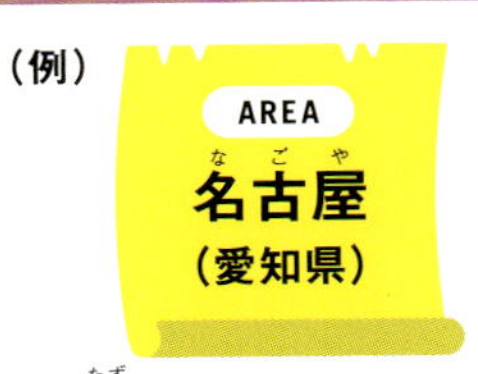

訪ねることができる場所。

水がつくりだした鉱物

キラキラと輝く美しい鉱物や宝石はどこに行ったら見つかるだろう？
広い太陽系のなかでなら、いちばんのおすすめは水がある地球だ。

岩盤のすき間をうめつくしたアメシスト（紫水晶）。黄色っぽい方解石も見える。どちらも地下を流れていた熱い水の中でできた結晶だ。

ウルグアイ産

宝石名

アメシスト（紫水晶）

Amethyst

鉱物名：石英（英名:Quartz）

身近なところにもたくさんある、鉱物のふしぎをさぐっていこう！

宝石名

ダイヤモンド（金剛石）

Diamond

鉱物名：ダイヤモンド（英名:Diamond）

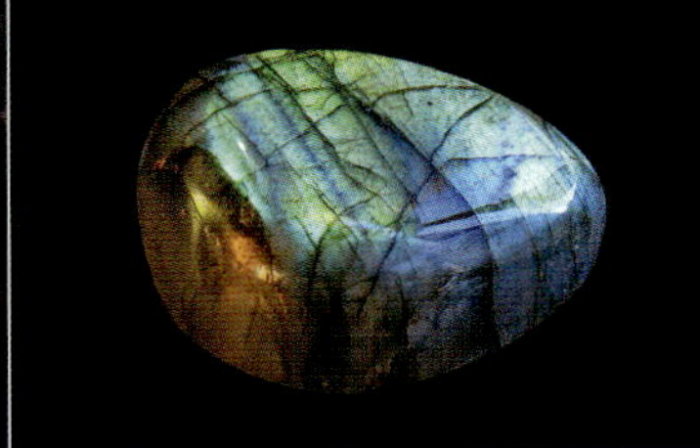

宝石名

ラブラドライト（曹灰長石）

Labradorite

鉱物名：斜長石（英名:Plagioclase）

宝石名

エメラルド（翠玉）

Emerald

鉱物名：緑柱石（英名:Beryl）

写真（アメシスト）：門馬綱一／国立科学博物館

鉱物は原子の集まり

鉱物は地球上に5700種以上見つかっている。そのなかには種類がちがうのにそっくりだったり、見た目がちがうのに同じ鉱物であることも。鉱物の種類は何で決まるのだろう。

鉱物の成分(化学組成)

鉱物をつくる原子の種類や割合(化学組成)によって種類が決まり、化学式であらわすことができる。

化学式:SiO_2

原子 Si ケイ素　O_2 酸素

鉱物の種類を決めるもの

鉱物は、目には見えない「原子」という粒の集まりです(p.17)。しかも、原子は規則正しくならんでいます。ですから、どんな種類の原子がどのようにならんでいるかによって性質がかわってきます。鉱物をつくる原子の種類(元素)とその割合(化学組成)を、元素記号と数字で表したのが「化学式」。原子のならび方をその対称性によって7タイプに分類したのが「結晶系」(p.9)です。

つまり、鉱物の種類は、化学組成と結晶系で決まることになります。しかし、化学組成も結晶系もかんたんにはわかりません。そこで、目で見るだけで鉱物を見わけるには、光沢やかたさなどの性質が手がかりになります(p.10～11)。

大きな細長いアメシスト(紫水晶)の結晶のまわりに、小さなアメシストの結晶が平行にならぶように集まっている。柱面には横筋(条線)が見える。結晶の高さは約30cm。

メキシコ産

所蔵:Jim Spann/Gail Spann夫妻　写真:門馬綱一／国立科学博物館

[化学組成の例]

水晶（鉱物名は石英）の主成分

二酸化ケイ素（SiO_2）

水晶と煙水晶は、色はちがうが、主成分は同じ。

◉ 水晶

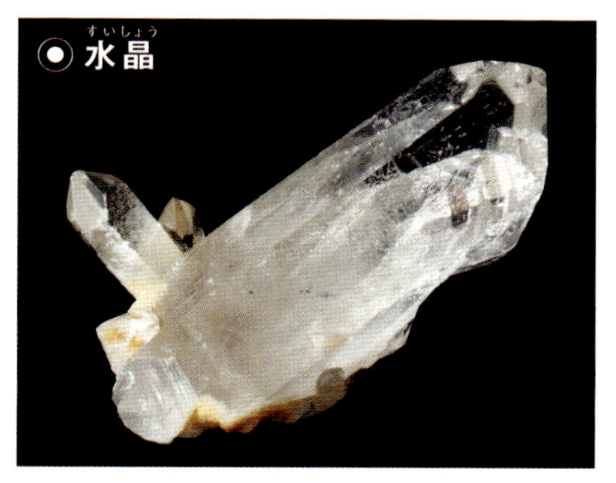

◉ 煙水晶

原子のならび方がちがうと見た目もちがう

炭素（C）

ダイヤモンドと鉛筆の芯に使われる石ぼくは同じ成分。
成分が同じでも、原子のならび方がちがうと別の種類になる。

鉛筆の芯

◉ ダイヤモンド

カットがほどこされた、さまざまな大きさのダイヤモンド。

◉ 石ぼく

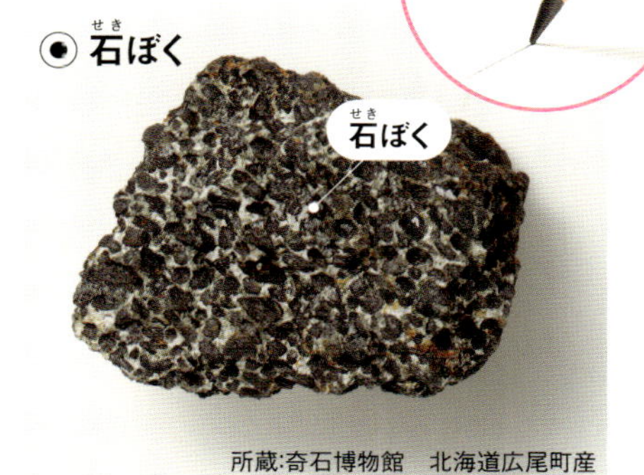

閃緑岩という岩石の中にできた石ぼく。

用語解説

「鉱物」と「宝石」

鉱物とは、天然の物質で、ほぼ一定の化学組成をもち、原子が規則的にならんでいる均質な固体。鉱物のなかでとくに美しいものを宝石とよぶ。

材料が同じなのにふしぎだなぁ。

同じ小麦粉からできるパンにも、いろんな形や味があるようなものだよ。

◉ ダイヤモンドと石ぼくのちがい

ダイヤモンド、ガッチリ！

石ぼく、スカスカ！

ダイヤモンドでは炭素原子がぎっしりつまっているが、石ぼくでは炭素原子がスカスカだ。

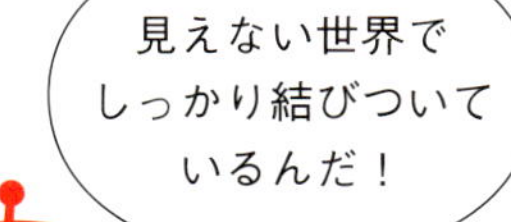

見えない世界でしっかり結びついているんだ！

コラム

いろいろな「結晶系」

鉱物の結晶*の形は、その原子のならび方（原子配列）が外形にあらわれたものといえる。結晶系は、立方晶系（等軸）、正方晶系、三方晶系、六方晶系、三斜晶系、直方晶系、単斜晶系に分類されている。

*原子や分子が規則正しくならんでいる物質の状態。

立方晶系（等軸）

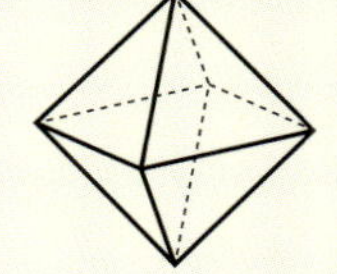

正方晶系

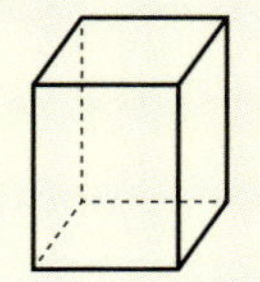

三方晶系

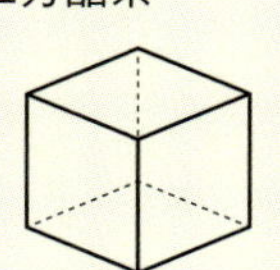

六方晶系

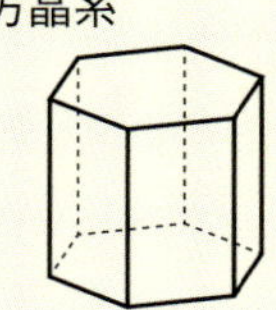

三斜晶系

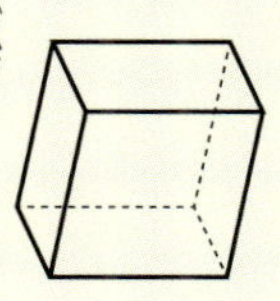

直方晶系

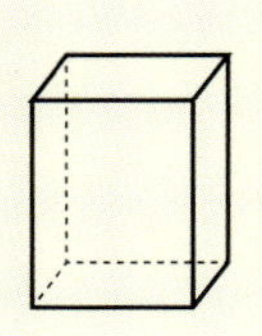

単斜晶系

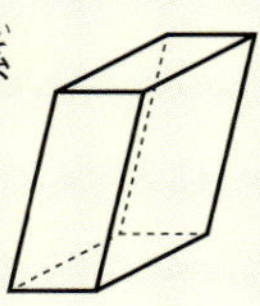

鉱物の特徴を調べてみよう

目で見える鉱物の特徴はなんだろう。色、形、割れ方、光沢、かたさ、磁性など……。
手に入れた鉱物のことを知りたくなったら、まずは自分で調べてみよう！

たくさんの鉱物を見るのがコツ

鉱物は自然のなかでできる物質ですから、同じ種類でも見た目がちがっていたり、ちがう種類でも見た目がそっくりだったりして、区別するのが大変です。鉱物の種類を正確に知るには、顕微鏡や分析装置を用いて、成分などを知る必要があります。しかし、慣れた人だと、少し見ただけで鉱物の種類を言いあててしまいます。そのような人は、多くの鉱物を観察してきた経験からそれぞれの特徴をよく知っているのです。鉱物は、光沢、条痕色、へき開・断口、硬度、磁性、結晶の形などの性質で区別することができます。手に持って重さを感じたり、このページで紹介している方法で観察したりして、鉱物の特徴を調べてみましょう。

光り方（光沢）

金属光沢、ダイヤモンド光沢、ガラス光沢などに分けられる。

◉ 金属光沢

写真：門馬綱一／国立科学博物館

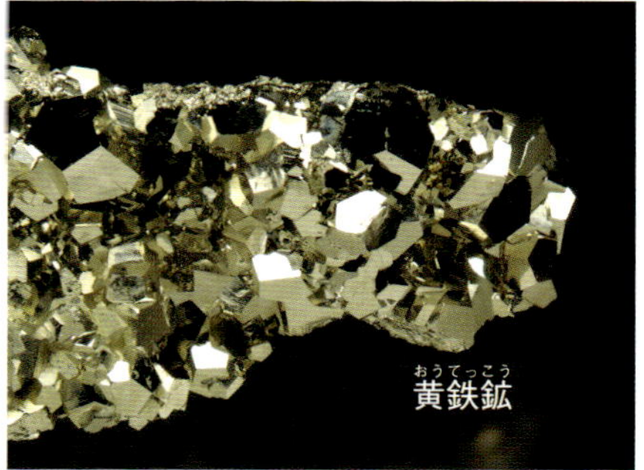

金属のようにギラギラした光沢。

◉ ダイヤモンド光沢

ダイヤモンドに代表される強い光沢。

粉にしたときの色（条痕色）

条痕色とは、鉱物を粉末にしたときの色。それぞれに特有の色を観察できる。

◉ 鉱物の粉の色くらべ

黄鉄鉱　　赤鉄鉱

磁鉄鉱　　マラカイト　　ラピスラズリ

金色に見える黄鉄鉱でも、粉末は黒色。赤鉄鉱の粉末は赤茶色。

割れ方（へき開と断口）

鉱物のなかには、結晶の決まった方向で平面上に割れる「へき開」という性質をもつものがある。

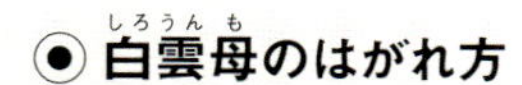

◉ 白雲母のはがれ方

白雲母はへき開面にそって紙のようにうすくはがれる（p.22）。

◉ 方解石の割れ方

方解石は、へき開によって6面が菱形の菱面体に割れる。

◉ 石英の貝殻状断口

写真：クリスタルワールド

へき開のない石英は、割れた面（断口）がでこぼこになる。

かたさ(モース硬度)

モース硬度は、鉱物の表面をこすったときに傷がつくかどうかで決める硬度の基準。数値が小さいほどやわらかく、大きくなるにしたがってかたいことを示す。

滑石

石こう

方解石

蛍石

燐灰石

正長石

石英

トパーズ

コランダム

ダイヤモンド

やわらかい ① ② ③ ④ ⑤ ⑥ ⑦ ⑧ ⑨ ⑩ かたい

ヒトのつめ(2.5)、鉄くぎ(4.5)、ナイフ(5.5)などもモース硬度の目安になる。

磁石にくっつく?(磁性)

磁性とは、鉱物に磁石が吸いつけられる性質。鉱物が鉄などを吸いよせるという意味ではない。

◉ 磁鉄鉱と磁石

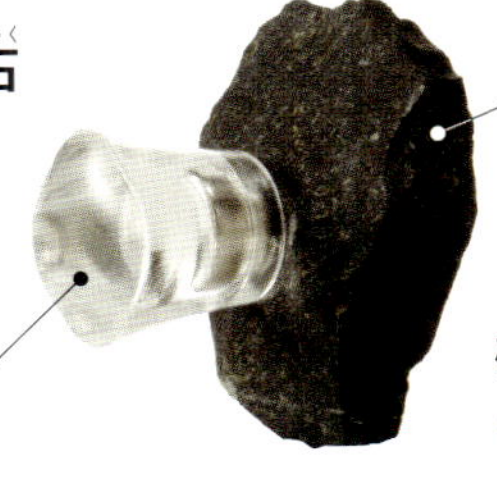

磁鉄鉱は砂鉄のもとになる鉱物。

かたさの調べ方

◉ 鉱物のかたさくらべ

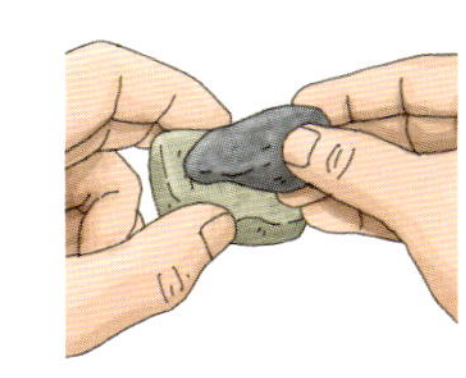

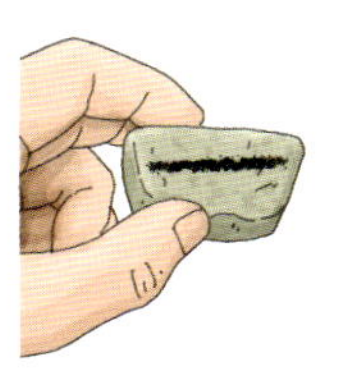

2種類の石をこすりあわせて、けずれて傷がついたほうがやわらかい。おたがいに傷がつかないなら、ほぼ同じかたさだと考えられる。上の絵では、右手の石がけずれているので、左手の石がかたいと判断できる。

結晶の形*

鉱物がもともともっている性質のとおりに成長した結晶のなかで代表的なもの。

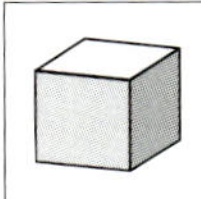
立方体(正六面体)

黄鉄鉱(p.12)
6枚の正方形からなる立体。黄鉄鉱、方鉛鉱(p.41)、蛍石など。

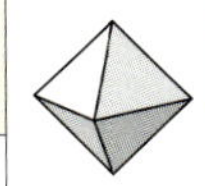
正八面体

ダイヤモンド(p.33)
8枚の正三角形からなる立体。ダイヤモンド、黄鉄鉱(p.13)、スピネルなど。

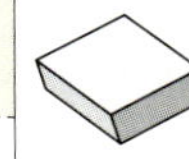
菱面体

方解石(p.27)
6枚の菱形からなる六面体。方解石、菱鉄鉱など。

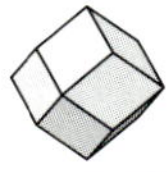
菱形十二面体

ざくろ石(p.26)
12枚の菱形からなる立体。ざくろ石のなかまなど。

二十四面体

ざくろ石(p.26)
24枚の四角形からなる立体。ざくろ石のなかまなど。

板状

石こう
板のように平らな形をしたもの。石こうなど。

柱状

緑柱石(p.35)
細長い柱のような形。底面が六角形ならば柱面は6枚。

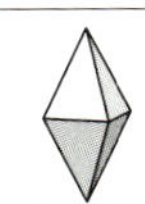
すい状

ジルコン(p.29)
先端がとがった形。ジルコンなど。

葉片状

白雲母(p.21)
板状よりもうすい形。白雲母、黒雲母(p.22)など。

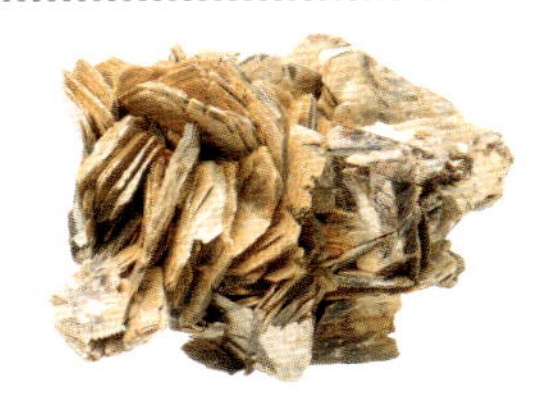

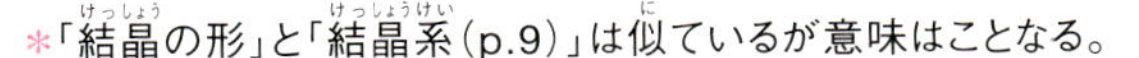
*「結晶の形」と「結晶系(p.9)」は似ているが意味はことなる。

鉱物のさまざまなすがた

岩石を割ったら黄金色にかがやく四角い粒が出てきた！
これは黄鉄鉱という鉱物で、金ではないが、金のような美しさをもつ。形が四角とはかぎらない。

六面体の黄鉄鉱

黄鉄鉱は、正方形の面だけで囲まれた正六面体の結晶になっていることが多い。

写真:門馬綱一／国立科学博物館

サイコロ形（正六面体）の黄鉄鉱の結晶。誰かがつくったもののように見えるが、自然にできたもの。

スペイン産

自然のままの形と輝き

鉱物とは原子の集まりです。その鉱物が集まったものが岩石です。岩石の中から、ギラギラ輝く黄金色の粒が出てくることがあります。まるで金のように見えますが、けっして金ではなく、黄鉄鉱という「鉱物」のひとつです。黄鉄鉱は、サイコロ形などのコロっとした形をしていることが多く、まるでカットされた宝石のように光を強く反射します。実際、19世紀のイギリスでは宝石として広く使われていました。しかし、この形は自然のままのすがたで、けっして人がカットしたりみがいたりしてつくったものではありません。

黄鉄鉱は、岩の割れ目や高温の水(熱水)と反応した岩石の中などから見つかります。細かい粒の集合体で産出することも多く、岩石の中できらめいて見えます。

八面体の黄鉄鉱

正三角形の面だけで囲まれた正八面体の結晶。

アンデス山脈の山中にある鉱山で採掘された黄鉄鉱。 所蔵:奇石博物館

ペルー・アンカッシュ県ワンサラ鉱山産

十二面体の黄鉄鉱

五角形の面だけで囲まれた十二面体の結晶。

自然に五角形ができるのはふしぎなことだ。 写真:門馬綱一／国立科学博物館

東京都父島産

宝石になった黄鉄鉱

光を強く反射するので、黄鉄鉱をみがいて宝石として使われていたこともある。

かつて「マルカジット」などとよばれ、ブローチなどに使われた（1930年ごろ、イギリス）。 所蔵:西本昌司

塊状の黄鉄鉱

黄鉄鉱は、ほかの鉱物とともに細かい結晶のかたまりで見つかることも多い。

「キースラガー」とよばれる鉱石。鉱石とは、資源として利用できる鉱物や岩石のこと。 所蔵:西本昌司

愛媛県四国中央市佐々連鉱山産

コラム

本物の金はどこで見つかる？

自然界で見つかる本物の金は「自然金」といい、川で見つかる「砂金」（p.42～43）と山で見つかる「山金」がある。砂金は、山に露出していた山金が川に流されてきたものだ。山金は、石英や黄鉄鉱などの鉱物といっしょに見つかる。

砂金は全国各地で見つかるよ。

◉ 自然金

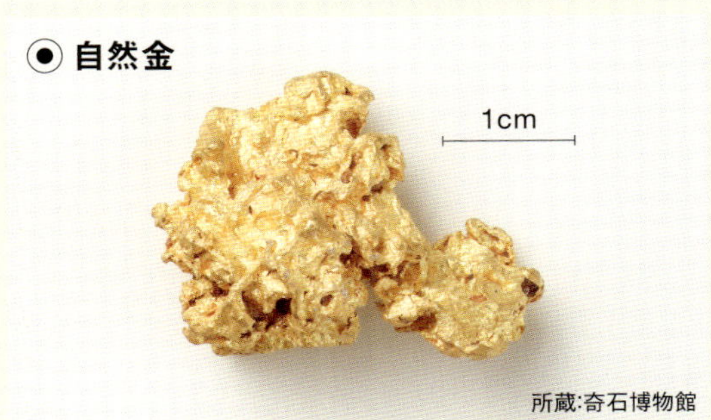

所蔵:奇石博物館

金のかたまり。このような状態の金を「ナゲット」とよぶ。

オーストラリア・レオノーラ産

◉ 山金

所蔵:奇石博物館

石英といっしょに産出した自然金。

アメリカ合衆国・ネバダ州産

自分で金を見つけたいな～。

鉱物はどこでできる?

鉱物が生まれる場所はさまざま。
おもに、地殻のマグマの中、岩石の中、岩盤の割れ目、そしてマントルだ。

鉱物が生まれるところ

岩盤の割れ目
地殻のかたい岩盤の割れ目で鉱物が生まれる。
大陸プレート
マグマ
地殻の中のマグマから鉱物が生まれる。
マントル
地殻よりもさらに深いところにあるマントルで鉱物が生まれる。

◉ オパール(p.37)

所蔵:奇石博物館

◉ 緑柱石(p.35)

所蔵:奇石博物館

◉ ダイヤモンド(p.33)

所蔵:奇石博物館

鉱物は地下で起こった"事件の跡"

食塩やミョウバンの結晶が水溶液の温度変化や蒸発によって成長していくように、鉱物の結晶は地球の中で起こる何らかの現象によって成長していきます。

地球の内部には石がつまっていますが、地表よりもずっと温度や圧力が高くなっています。石のすき間を地下水が流れていたり、マグマがたまっていたりするところもあります。地球内部のあちこちでいろいろな事件(現象)が起こっていて、その事件の痕跡として、いろいろな鉱物ができるのです。

用語解説

マントル 1巻

地球の表面は、深さ6～40km程度のうすい岩石の層である「地殻」でおおわれている。その地殻の下にある岩石の層が「マントル」だ。マントルは、約2900kmの深さまで続いており、おもにかんらん石（p.25）という鉱物でできている。

マントルって
ダイヤモンドが
生まれるところ？
そう、とても深くて、
まだ世界じゅうのどの国もマントルまで
深いあなを掘ることが
できていないんだよ。

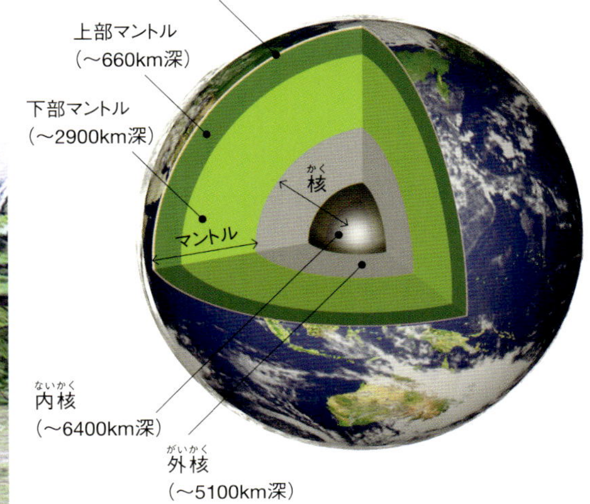

地球を卵にたとえると、私たちがくらしている地表は卵の殻の表面にあたる。

岩石の中

かたい岩石が熱や圧力で変化するときに鉱物が生まれる。

緑柱石 (p.38)

所蔵:奇石博物館

コラム

マグマができるきっかけは水 2巻 水

岩石は水をふくむととけやすくなる性質がある。地表にある岩石に水をかけてもとけることはないが、地下深いところだと話はかわる。地下深部は温度も高いが圧力も高くて、岩石はかんたんにとけない。ところが、プレートの沈みこみなどにより、地下深くに水が運ばれてくると、岩石がとけやすくなってマグマができやすくなるのだ。

日本列島の地下に海洋プレートが沈みこんでいる。

鉱物のおにぎりが岩石!

鉱物の粒が集まっているのが岩石。岩石がおにぎりなら鉱物は米粒や具のようなもの。
おにぎりの味や見た目が米や具によってかわるように、鉱物の種類や量で岩石の種類が決まる。

「花崗岩」という 4巻 岩石をつくる鉱物

岩石は鉱物の集まり。
花崗岩は4種類の鉱物でできている。

"黒ごま"のように見えるのは……

黒雲母(p.22)
うすくはがれやすい性質があり、平らに割れた面はキラリとかがやく。

アメシストと同じ成分!

石英(p.18)
灰色や濃い褐色をしていて、割れ口にガラスのような透明感がある。

もっとも目にする鉱物!

斜長石(p.20)
花崗岩のなかではほかの鉱物にくらべていちばん白色に見える鉱物。

おにぎりは何からできている?

雑穀米のおにぎりは、白米と雑穀の粒からできている。

「石がおにぎりに見えてきたよ。」
「こちらは本物のおにぎりだよ。」

おにぎりを岩石とするならば、白米と雑穀は鉱物にあたる。

ピンク色もある!

アルカリ長石 (p.19)

ピンク色やベージュ色だと斜長石と区別しやすいが、白色のことも多い。

岩石の見かけは鉱物しだい

岩石は中に入っている鉱物の種類や量、そして結晶の形によって見た目と性質がかわる。

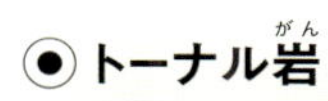

ワカメごはんみたい!

黒米おにぎりみたい!

◉ トーナル岩

◉ 斑れい岩

トーナル岩(左)は黒っぽい粒(角閃石)をふくむが全体的には白っぽい粒(斜長石と石英)が多い。いっぽう、斑れい岩は黒っぽい粒(単斜輝石)が半分くらいある。

鉱物は原子の集まり

鉱物は肉眼で見えない粒子である「原子」の集まり。

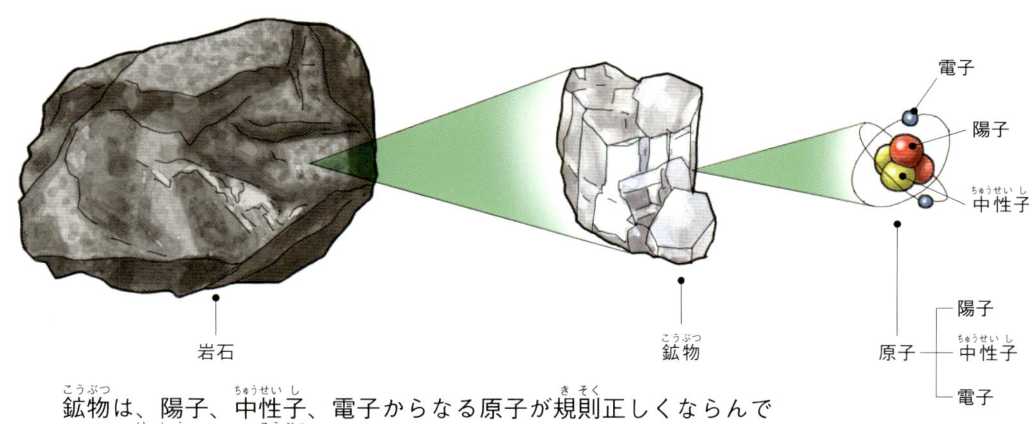

鉱物は、陽子、中性子、電子からなる原子が規則正しくならんでできた結晶。その鉱物が集まったものが岩石となる。

日本列島で出会える造岩鉱物

「造岩鉱物」は文字どおり「岩（岩石）」を「つくる（造る）」鉱物のこと。
身近な川原や海岸で見つかる石にふくまれる代表的な鉱物12種類を見ていこう。

1 石英

美しいものは水晶とよばれる。
低温型と高温型の2種類がある。

【石英の種類】
α石英
β石英

Quartz

化学式：SiO_2
結晶系：三方晶系（低温型）、六方晶系（高温型）
分類：酸化鉱物
モース硬度：7　**比重**：2.7
へき開：なし
条痕色：白色
光沢：ガラス光沢

● 石英をふくむ岩石
火成岩＊1：花崗岩、花崗閃緑岩、トーナル岩、石英閃緑岩、流紋岩、デイサイト
堆積岩＊2：砂岩、チャート
変成岩＊3：片麻岩、片岩、ホルンフェルス

＊1 火成岩はマグマから生まれた岩石。
＊2 堆積岩は降りつもって固まった岩石。
＊3 変成岩は熱と圧力で変化した岩石。

写真:石橋隆

α石英（低温型）

573℃より低い温度で結晶ができると低温型になる。

写真:石橋隆

β石英（高温型）

573℃より高い温度で結晶ができたときは高温型になる。

海岸で見つかる石英

● 日本海の波が打ちよせる海岸

AREA
今川海水浴場（新潟県）

くだけた花崗岩が海で洗われて砂になる。その砂が美しい砂浜になる。

大粒の白くて丸い石英の粒がいっぱい。

白っぽくて透明に見えるのが石英？
そう、たくさんあるね。ルーペを使うとよく見えるよ

水晶の多くは低温型の石英

石英は、シリカ（二酸化ケイ素）という成分（p.9）をふくむ鉱物で、透明で美しいものは「水晶」とよばれます。しかし、たいていの石英は、細かいひび割れがいっぱいで、にごっていて透明には見えません。それでも、ルーペで拡大すると、透明感があり、丸い割れ口で、ガラスのような光沢があることがわかります。

石英には、α石英（低温型）とβ石英（高温型）があり、結晶ができたときの温度が573℃より高いか低いかで結晶構造がかわります。α石英の結晶は、六角柱状で両端にピラミッド状の錐面があるのに対して、β石英の結晶は、柱面がないソロバン玉形です。「水晶」とよばれる石英はほとんどがα石英です。

② アルカリ長石

白色～ピンク色で、わずかに透明感がある。
平らに割れやすい方向があり、
その面では光を反射してキラッと輝く。

Alkali-feldspar

【アルカリ長石の種類】
- 正長石
- 微斜長石
- サニディン
- アノーソクレース

化学式：KAlSi₃O₈-NaAlSi₃O₈
結晶系：単斜または三斜晶系
分類：ケイ酸塩鉱物
モース硬度：6
比重：2.6
へき開：あり
条痕色：白色
光沢：ガラス光沢

● アルカリ長石をふくむ岩石
火成岩：花崗岩、花崗閃緑岩、流紋岩、デイサイト
堆積岩：砂岩
変成岩：片麻岩、片岩、ホルンフェルス

写真:石橋隆

美しいものは宝石になる

アルカリ長石は、白色～淡いベージュ色あるいはピンク色で、わずかに透明感があることが多いです。平らに割れやすい方向があり、割れた面はキラッと輝きます。結晶構造などによって、正長石、微斜長石、サニディン、アノーソクレースなどに細かくなかま分けされますが、肉眼による区別はむずかしいでしょう。

自然の中で発見！ 巨大結晶

AREA 屋久島（鹿児島県）

◉ 屋久島・四ツ瀬の浜

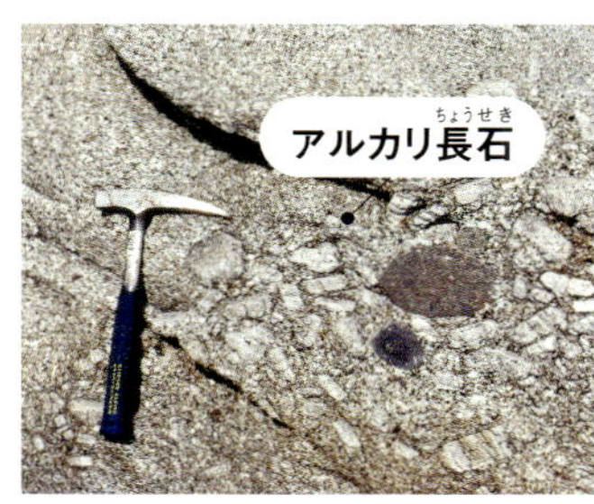

屋久島の花崗岩にはとても大きなアルカリ長石が入っている。

◉ 登山道の転石

風化した花崗岩から分離して転がっている巨大なアルカリ長石。

駅で発見！ 巨大結晶

AREA 三軒茶屋駅（東京都）

マグマの中で成長した帯状構造の結晶が見える。

◉ 駅前の建物の壁

「ジャロベネチアーノフィオリータ」とよばれるブラジル産の花崗岩。

アルカリ長石の大きな粒がいっぱい見える。

6月の誕生石「ムーンストーン」(p.34)

アルカリ長石のなかでも、半透明で美しいものは宝石にされ、ムーンストーン（月長石）とよばれる。

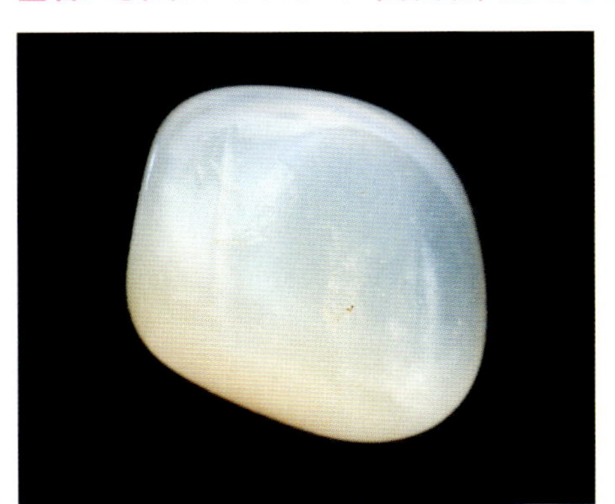

月のように
やさしく輝くから
ムーンストーンと
よぶんだね。

インドやスリランカ、ブラジルなどでとれる。

3 斜長石

Plagioclase

岩石を見るときにもっとも目にする機会の多い鉱物。ふつうは白っぽい。

化学式：$CaAl_2Si_2O_8$ - $NaAlSi_3O_8$
結晶系：三斜晶系
分類：ケイ酸塩鉱物
モース硬度：6〜6.5
比重：2.6〜2.7
へき開：あり
条痕色：白色
光沢：ガラス光沢

● 斜長石をふくむ岩石

火成岩：花崗岩、花崗閃緑岩、トーナル岩、石英閃緑岩、閃緑岩、斑れい岩、流紋岩、デイサイト、安山岩、玄武岩
堆積岩：砂岩、凝灰岩
変成岩：片麻岩、片岩、角閃岩、ホルンフェルス

【斜長石の種類】
灰長石
曹長石

写真:石橋 隆

灰長石

斑れい岩や玄武岩にふくまれている。カルシウムが多い斜長石の一種。

所蔵:奇石博物館

ラブラドライト（曹灰長石）

光を当てると七色にかがやくものは「ラブラドライト」とよばれ、宝石にされる。鉱物としては、斜長石の一種である灰長石にあたる。

たいていの岩石にふくまれている

斜長石は、地殻でもっとも多い鉱物で、いろいろな岩石にふくまれています。カルシウムを多くふくむ灰長石と、ナトリウムを多くふくむ曹長石の2種類がありますが、肉眼で見わけるのはむずかしいです。どちらも白色であることが多いですが、変質して、淡褐色、淡緑色などになっていたり、透明なものは黒っぽく見えたりします。

海岸で見られる斜長石

AREA 室戸岬（高知県）

● 遊歩道の近くの露頭

● 白い斜長石の結晶

室戸岬の遊歩道では、地層のすき間に入りこんだ斑れい岩の露頭が観察できる。

斜長石などの結晶が輝くことから、地元では「明星石」とよばれている。

都心のビルの壁に斜長石を発見!

AREA 丸の内（東京都）

まちのなかでも鉱物に出会えるんだ！

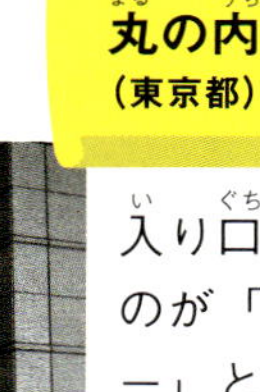

● 丸ビル1階の外壁

入り口脇の壁に使われているのが「レイクブラシッドブルー」とよばれるアメリカ産の石材。斜長石がいっぱいふくまれている、アノーソサイト（斜長岩）という岩石。

● 石材の中の斜長石

真っ黒の粒以外はほとんど斜長石の粒。

4 白雲母

色は、無色～淡い灰色。
はがれやすく、
はがれた面は強く輝く。

Muscovite

化学式：$KAl_2AlSi_3O_{10}(OH)_2$
結晶系：単斜晶系
分類：フィロケイ酸塩鉱物
モース硬度：2.5～4

比重：2.8
へき開：あり
条痕色：白色
光沢：真珠～ガラス光沢

● **白雲母をふくむ岩石**
火成岩：花崗岩
変成岩：片麻岩、片岩、ホルンフェルス

【白雲母の種類】
絹雲母
フクサイト

写真:石橋 隆

はがれた面がギラギラ輝く

うすい透明シートを重ねたような結晶をしていて、うすくはがれやすい性質があります。はがれた面（へき開面）には独特の強い光沢があり、ギラギラ輝きます。いっぽう、へき開面ではない割れ口には光沢がありません。無色～灰色のことが多いですが、不純物のせいで緑色～黄色っぽいこともあります。石英や長石よりやわらかく、鉄くぎなどでかんたんに傷がつきます。

AREA 名古屋（愛知県）

ビルの床で白雲母を発見！

◉ **大名古屋ビルヂング**
ロビーの床の石材は「アズールプラティノ」。スペイン産の花崗岩。

白雲母がはがれた面に光が当たると強く反射し、独特の光沢をはなつ。

所蔵:奇石博物館

タジキスタン産

白雲母とサファイア

淡い褐色の白雲母の中に、青色と白色がまじった宝石サファイア（p.38）の結晶ができていることがある。

コラム

ガラスのかわりになっていた白雲母 くらし

かつてロシアのウラル山脈で白雲母の大きな結晶がたくさんとれていた。その結晶をはがしてつくられた透明な板は、断熱性が高く、冬がきびしいヨーロッパで窓ガラスのかわりに使われていた。英名の「Muscovite（モスコバイト）」は、モスクワ経由で流通したことに由来しているといわれる。

写真:Лапоть

◉ **白雲母でできた窓**
ヨーロッパではガラスの窓が普及する前は、数百年にわたり白雲母が窓に使われていた。

5 黒雲母

黒色でうすくはがれやすい。
はがれた面はギラギラ輝く。

Biotite

化学式：$K(Mg, Fe)_3AlSi_3O_{10}(OH)_2$
結晶系：単斜晶系
分類：ケイ酸塩鉱物
モース硬度：2.5〜3
比重：2.6
へき開：あり
条痕色：暗褐色〜黒色
光沢：ガラス光沢

● 黒雲母をふくむ岩石

火成岩：花崗岩、花崗閃緑岩、流紋岩、デイサイト
変成岩：片麻岩、片岩、角閃岩、ホルンフェルス

【黒雲母の種類】
金雲母
鉄雲母

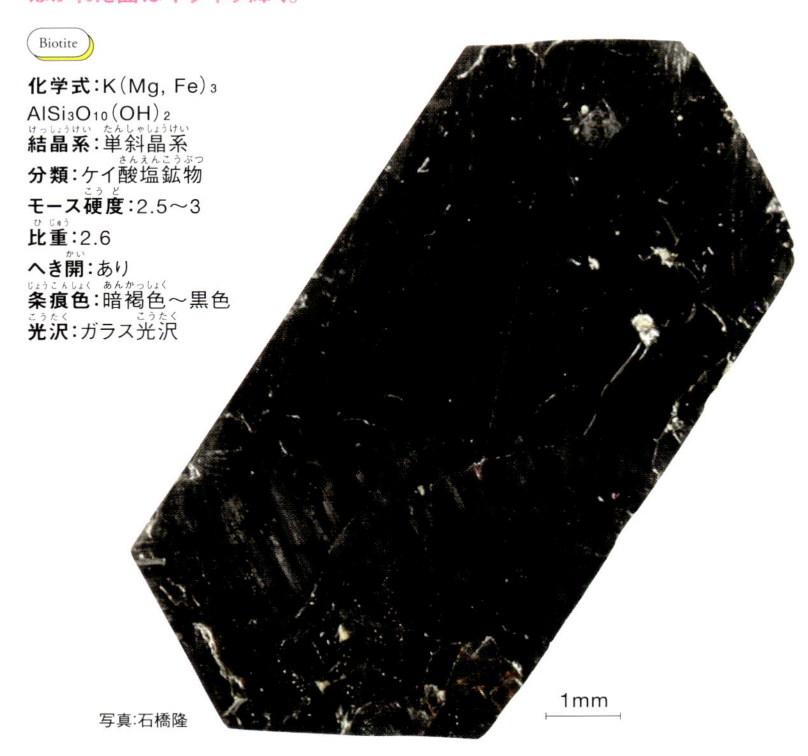

写真：石橋隆

花崗岩の中の黒い粒

黒雲母には、鉄くぎなどでかんたんに傷がつきやすく、うすくはがれやすい性質があります。はがれた面（へき開面）には独特の強い樹脂光沢があり、ギラギラ輝きます。いっぽうで、へき開面以外の割れ口には光沢があまりありません。黒色をしているのがふつうですが、色がうすいこともあるほか、変質によって金色や赤味を帯びていることもあります。

ペグマタイトの中の黒雲母

AREA
小豆島
（香川県）

● 小豆島のエンジェルロード

潮がひくとあらわれる砂の道の先にペグマタイト（p.35）の露頭がある。花崗岩の中でできる、鉱物の粒が大きな岩石を「ペグマタイト」とよぶ。

● ペグマタイトの露頭

アルカリ長石
石英
黒雲母

花崗岩の中に手のひらサイズの黒雲母や石英などでできたペグマタイトがある。

香川県土庄町産　所蔵：国立科学博物館

山で拾った石の中に大きな結晶を発見！

岩石にふくまれる鉱物って、小さいものかと思ってた…。

● 黒雲母の結晶

デイサイトという岩石の中にある、六角形の黒雲母の結晶。

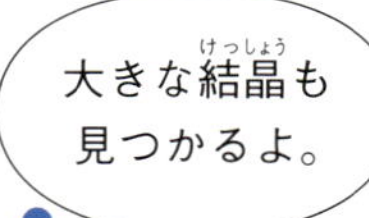

雲母がうすくはがれやすいしくみ　2巻

雲母の原子配列は、うすいシートが積みかさなったような構造になっている。それぞれのシートは弱い力で結びついているだけであるため、はがれやすいのだ。このように、原子どうしの結合力が弱い部分にそってわれる性質がへき開（p.10）。その面をへき開面とよぶ。

● はがれるしくみ

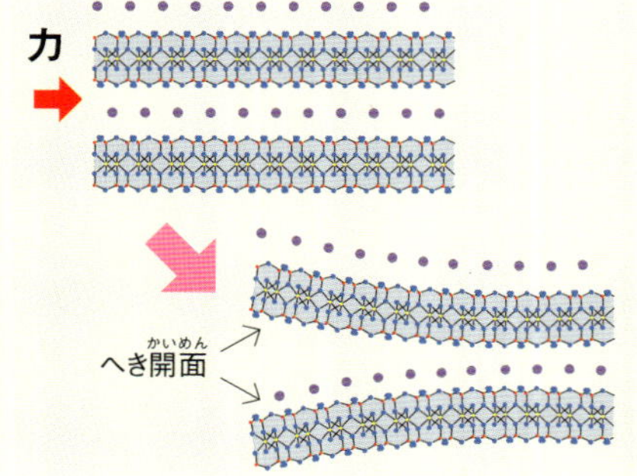

出典：倉敷市立自然史博物館のウェブサイトをもとに改変

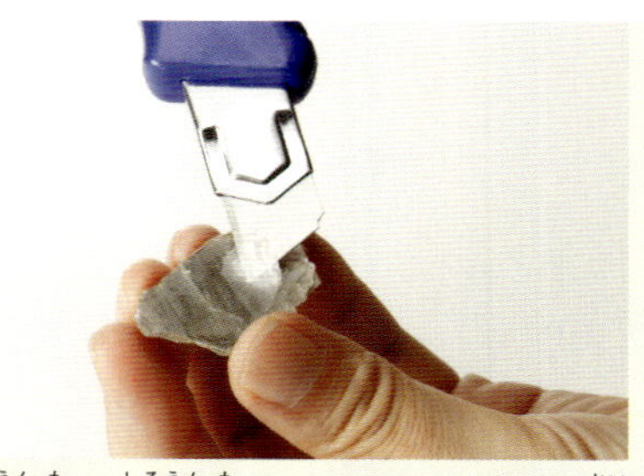

黒雲母と白雲母は同じようにへき開があり、うすくはがれやすい性質がある。写真は白雲母。

6 角閃石

黒色で細長い形の鉱物。断面はつぶれた六角形のよう。

Hornblende

化学式：(Ca,Na)$_{2-3}$(Mg,Fe,Al)$_5$(Al,Si)$_8$O$_{22}$(OH,F)$_2$
結晶系：単斜晶系
分類：ケイ酸塩鉱物
モース硬度：5〜6
比重：3.1〜3.3
へき開：あり
条痕色：灰色〜白色
光沢：ガラス光沢

【角閃石の種類】
- 普通角閃石
- アクチノ角閃石
- 藍閃石

● 角閃石をふくむ岩石
火成岩：花崗岩、花崗閃緑岩、トーナル岩、石英閃緑岩、閃緑岩、斑れい岩、デイサイト、安山岩
変成岩：片麻岩、片岩、角閃岩

写真:石橋隆

黒っぽくて細長い結晶

黒っぽくて細長い結晶になっていることが多く、割れた面（へき開面）で光が反射して輝きやすいですが、黒雲母ほどギラギラした光沢ではありません。結晶の横断面は、つぶれたような六角形をしています。結晶のまわりが赤っぽくなっていることもあります。

山で見つかる角閃石

● トーナル岩

トーナル岩は火成岩のなかまで、白色・灰色・黒色の大きな粒でできている。

黒色の粒は角閃石が多い。白色の粒は斜長石（p.20）と石英（p.18）。

身近な場所で見つかる角閃石

● 石神山公園
（熊本県）

AREA 熊本市（熊本県）

石神山は安山岩でできている。

● 安山岩の中の角閃石

安山岩の中に黒くて細長い粒が見える。

角閃石の結晶。1cmくらいのものが見つかることもある。

● 住友不動産六本木グランドタワー

AREA 六本木（東京都）

石材の中に光る角閃石が見える。

7 輝石

黒っぽく、角閃石(p.23)より短い柱のような形。断面は丸く見える。

Pyroxene

化学式:(Ca,Na)(Mg, Fe, Al)Si_2O_6／単斜輝石 (Mg, Fe)$_2Si_2O_6$／直方輝石
結晶系:単斜晶系、直方晶系
分類:ケイ酸塩鉱物
モース硬度:5～6
比重:3～4
へき開:あり
条痕色:灰色～白色、緑灰色など
光沢:ガラス光沢

● **輝石をふくむ岩石**
火成岩:閃緑岩、斑れい岩、デイサイト、安山岩、玄武岩、かんらん岩
変成岩:片麻岩

【輝石の種類】
単斜輝石 ---- 普通輝石 透輝石
直方輝石 ---- 頑火輝石

透輝石
(単斜輝石の一種)
よく見るとやや緑がかった黒色をしている。

5mm

写真:石橋隆

写真:石橋隆

頑火輝石
(直方輝石の一種)
黒っぽくて、やや飴色がかった色をしている。

浜辺で見つかるうぐいす砂

AREA
小笠原諸島
(東京都)

● **父島の釣浜**

写真:環境省

小笠原諸島父島の釣浜は砂浜の色が緑っぽい色をしている。

● **ボニナイト**

東京都小笠原村産　所蔵:国立科学博物館

ボニナイトはおもにかんらん石(p.25)と輝石からなる。

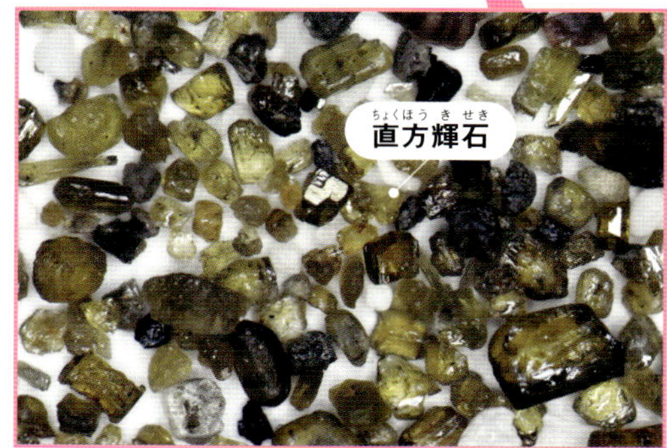

4巻

● **うぐいす砂**
(頑火輝石)
風化したボニナイトがくだけて波に洗われると、直方輝石だらけの緑色のうぐいす砂になる。

海岸で見つかるひすい輝石(p.39)

● **親不知海岸**

写真:糸魚川ジオパーク協議会

糸魚川市にある石がごろごろしている海岸。

● **ひすい輝石(単斜輝石の一種)**

AREA
糸魚川市
(新潟県)

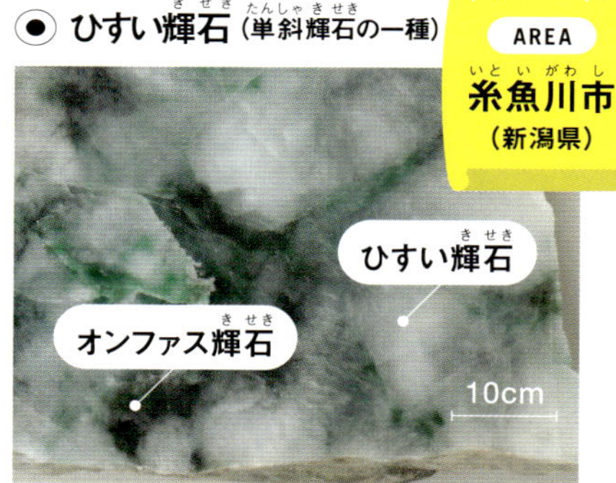

新潟県糸魚川市産　所蔵:国立科学博物館

本来は白っぽいが、緑色の輝石をともなうため緑っぽくなる。

ずんぐりむっくりした形

輝石にはいろいろな種類がありますが、原子のならび方により単斜輝石と直方輝石の2タイプに分けられます。よく見かけるのは、単斜輝石のひとつである普通輝石や、直方輝石のひとつである頑火輝石(エンスタタイト)です。これらはマグマが固まってできた岩石にふくまれていることが多く、黒っぽい角閃石に似ていますが、角閃石ほど細長くはならず、角閃石よりは透明感があって真っ黒でないことが多いです。

8 かんらん石

地球のマントル上部をつくるかんらん岩のおもな鉱物。

Olivine

化学式：(Mg, Fe)$_2$SiO$_4$
結晶系：直方晶系
分類：ケイ酸塩鉱物
モース硬度：7
比重：3.2～3.8
へき開：なし
条痕色：白色
光沢：ガラス光沢

● **かんらん石をふくむ岩石**

火成岩：かんらん岩、玄武岩、斑れい岩

【かんらん石の種類】

苦土かんらん石

鉄かんらん石

5mm

写真：石橋隆

苦土かんらん石

純粋なものは無色だが、鉄をふくむと淡い緑色～黄褐色になる。

美しい結晶は宝石に

通常、緑色～黄褐色の透明な鉱物です。英語では「オリビン」といい、オリーブ色をしていることに由来しています。美しい結晶は「ペリドット」(p.33)とよばれ、宝石にされます。また、高温でもとけにくいことから、鋳物*用の砂としても利用されます。

*砂などでつくった型の空洞部分に高温でとかした金属を流しこみ、冷やして固めた製品のこと。

山で見つかるかんらん石

● **アポイ岳**

写真（3点とも）：竹下光士

AREA
アポイ岳
（北海道）

日高山脈のアポイ岳の尾根「馬の背」。

● **かんらん岩の露頭**

アポイ岳のかんらん岩の露頭。かんらん岩の中にかんらん石がふくまれている。

● **かんらん岩の断面**

かんらん岩を切ってみがいたもの。かんらん石はつぶつぶに見えない部分。

コラム

宇宙から飛んできたかんらん石

宇宙から地球に飛んでくる隕石の中には、かんらん石がふくまれていることがある。とくに、パラサイトとよばれる隕石は、黄色～緑色のかんらん石が鉄の中に入っていて、とても美しい。右の写真の隕石は半径200kmほどの天体の内部にあったものだ。つまり、その天体がくだけてかけらが飛んできたと考えられる。

● **かんらん石入りの隕石**
（パラサイト）

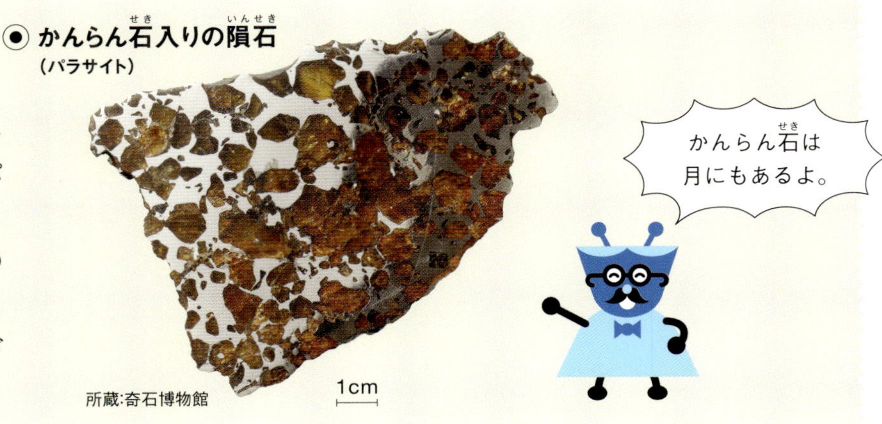

所蔵：奇石博物館

1cm

かんらん石は月にもあるよ。

9 ざくろ石

多くの石にふくまれる赤い粒は
身近な場所でも見つけられる。

Garnet

化学式:(Ca,Fe,Mn)$_3$(Al,Cr)$_2$(SiO$_4$)$_3$
結晶系:立方晶系
分類:ケイ酸塩鉱物
モース硬度:6.5〜7.5
比重:3.5〜4.4
へき開:なし
条痕色:白色
光沢:ガラス光沢

● ざくろ石をふくむ岩石

火成岩:花崗岩、流紋岩、デイサイト、かんらん岩
堆積岩:砂岩
変成岩:片麻岩、エクロジャイト

【ざくろ石の種類】

- 鉄ばんざくろ石
- 灰ばんざくろ石
- 灰鉄ざくろ石
- 満ばんざくろ石
- 苦ばんざくろ石

コロコロして
かわいいね。
二十四面体や十二面体
だけでなく、中間的な形の
ものも多いよ。

写真:石橋隆

1mm

灰ばんざくろ石

カルシウムをふくむざくろ石。ふくむ成分によっては緑色の結晶もある。

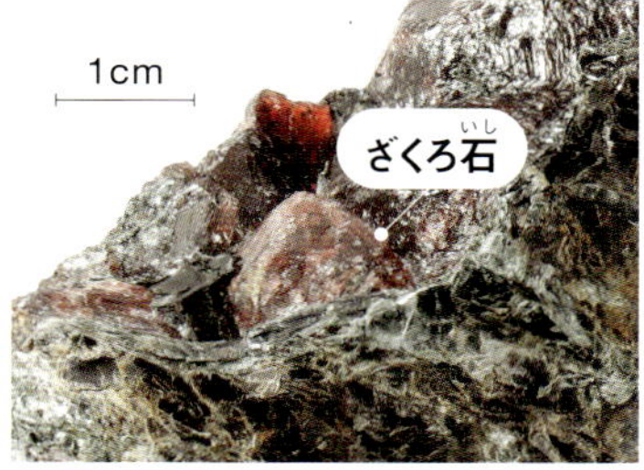

カナダ産

奈良県産

鉄ばんざくろ石

鉄をふくむざくろ石。もっともふつうに見られる。

灰鉄ざくろ石

レインボーガーネットとよばれ七色に光るざくろ石。

川原で見つけるざくろ石

AREA 矢作川(愛知県)

● 矢作川の川原

川原の砂の中には、石英や長石にまざって、ざくろ石などもふくまれている。

● ガーネットサンド

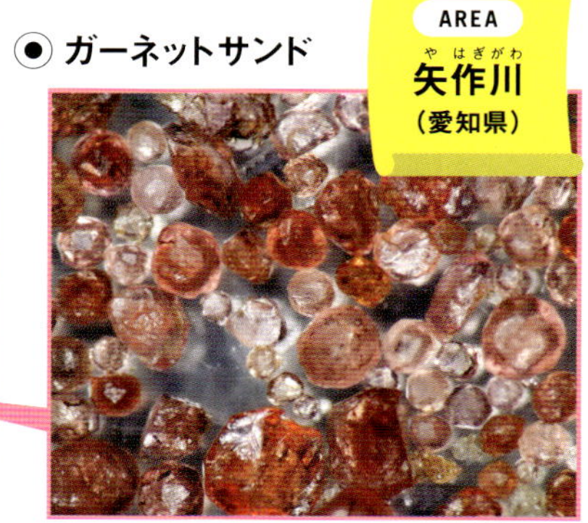

パンニング(p.43)で軽い砂をのぞくと、ざくろ石が見つかる。

コロコロした赤い粒

「ざくろ石」は鉱物グループのよび方で、そのなかには「鉄ばんざくろ石(アルマンディン)」や「満ばんざくろ石(スペサルティン)」など、化学組成がちがうさまざまな種類があります。このため、色もさまざまで、褐色、黒色などのほか、無色、白色、黄色、緑色などのものがあります。結晶の形は、二十四面体や十二面体、あるいはそれらの中間的なコロコロした形の結晶となることが多く、その集合体がくだもののザクロのように見えるのでこの名がつけられています。

宝石になるざくろ石

● 苦ばんざくろ石

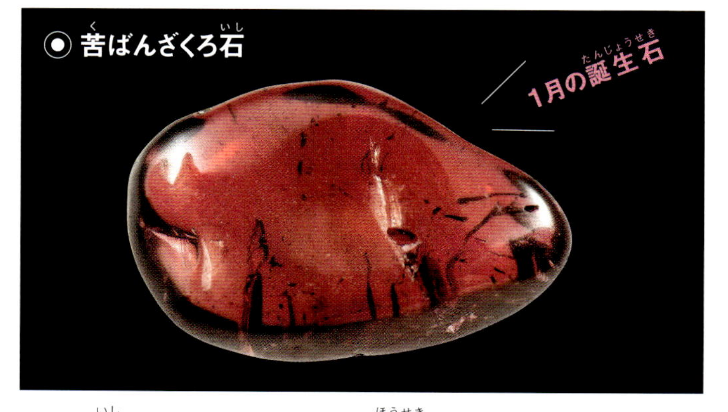

ざくろ石の一種。美しいものは宝石としてガーネットとよばれる。色は、赤色以外にも、オレンジ色や緑色などさまざま。

⑩ 方解石

貝殻などと同じ成分でできているので塩酸でとける。

Calcite

化学式：$CaCO_3$
結晶系：三方晶系
分類：炭酸塩鉱物
モース硬度：3
比重：2.7
へき開：あり
条痕色：白色
光沢：ガラス光沢

● 方解石をふくむ岩石
火成岩：石灰岩、苦灰岩
変成岩：結晶質石灰岩

写真：石橋隆　1mm

◉ 方解石の割れ方

平行六面体に割れる！

ハンマーで方解石を割ると、サイズは小さくなるが形はどれも似ている。

箱をつぶした形に割れる

純粋な方解石は無色か白色ですが、不純物によってさまざまな色がつくことがあります。ナイフやくぎでかんたんに傷がつき、3方向に割れやすい性質（へき開）があって、箱をつぶしたような形（平行六面体）に割れたり、割れ口に平行四辺形が見えたりします。

百貨店で発見！　方解石

◉ 松屋銀座

AREA 銀座（東京都）

建物の内装に使われている結晶質石灰岩（大理石）。

◉ 結晶質石灰岩の断面

結晶質石灰岩は細かい方解石の粒が集まっている。

◉ 方解石化した化石　6巻

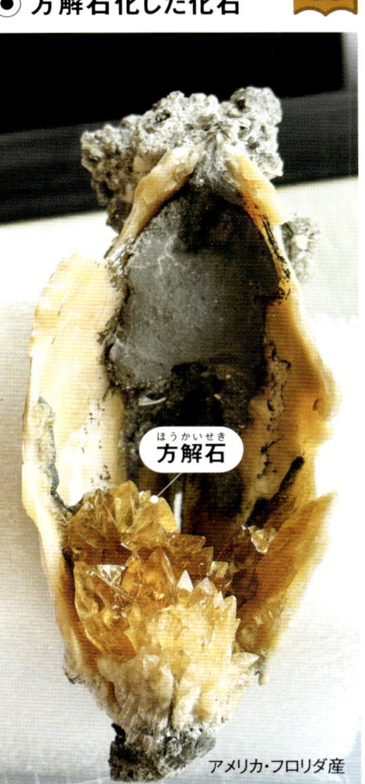

新生代第四紀更新世にあたる約259万年～1万年前の二枚貝の化石。

コラム

塩酸をかけると発泡しながらとける方解石

方解石の主成分は貝殻と同じ「炭酸カルシウム」。どちらも、塩酸をかけると二酸化炭素の泡を出しながらとける。貝は、種類や貝殻の部分によっては、同じ炭酸カルシウムなのに原子のならび方がちがう「霰石（アラゴナイト）」という鉱物であることもある。ちなみに、石英は塩酸にとけないので、これらと区別できる。

◉ 塩酸でとける方解石（結晶質石灰岩中）

塩酸で方解石がとけて泡（二酸化炭素）が出ている。

◉ ほとんど石英でできた石　4巻

荒川（埼玉県）の上流で拾ったチャート。

サロマ湖（北海道）で拾ったメノウ。

⑪ 磁鉄鉱

多くの岩石にわずかにふくまれていて、磁石につく性質のある鉱物。

Magnetite

化学式：Fe_3O_4
結晶系：立方晶系
分類：酸化鉱物
モース硬度：5.6〜6.5
比重：5.2
へき開：なし
条痕色：黒色
光沢：金属光沢

● 磁鉄鉱をふくむ岩石

火成岩：花崗岩、斑れい岩
堆積岩：砂岩
変成岩：蛇紋岩、緑色片岩

写真：石橋隆

1mm

砂鉄は小粒の磁鉄鉱

鉄をふくむ黒っぽい鉱物で、結晶はしばしば正八面体の形をしています。磁石につく性質（磁性）があり、砂の中で見つかる「砂鉄」は、風化や侵食によって分離した小さな磁鉄鉱の粒です。玄武岩などの磁鉄鉱を多くふくむ岩石は、磁石がつくことがあります。

山で見つかる磁鉄鉱

● 岩石の中にふくまれている磁鉄鉱の正八面体の結晶

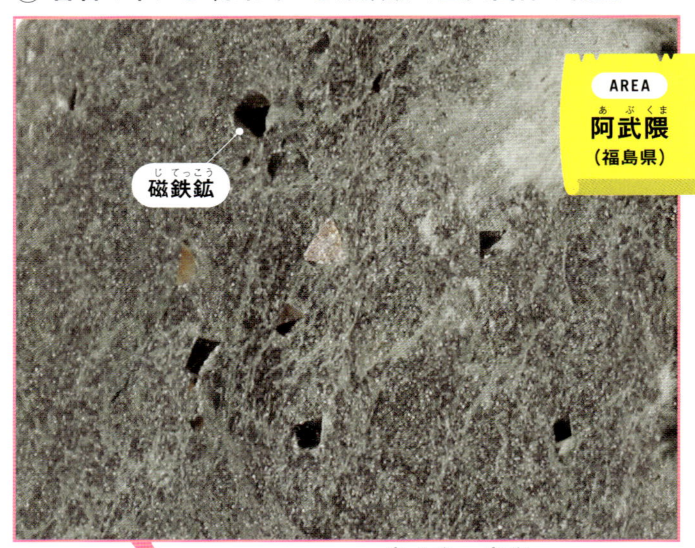

玄武岩が源岩（もとの岩石）の緑色片岩。

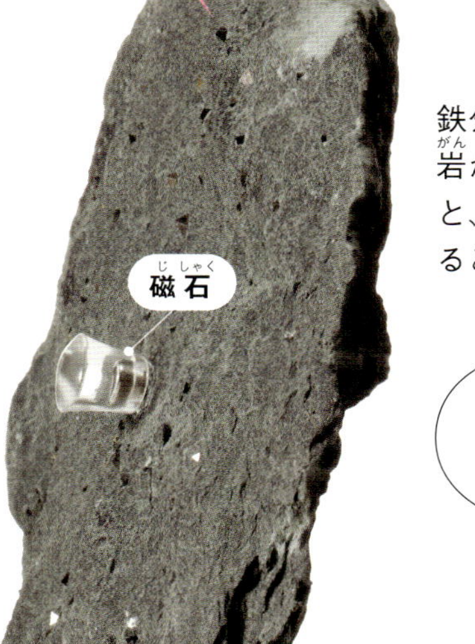

福島県産

鉄分を多くふくむ玄武岩が変成作用を受けると、磁鉄鉱ができていることがある。

海岸の黒い砂「砂鉄」の正体

海岸の砂には砂鉄がふくまれていることがある。砂鉄は、金属の鉄の粉ではなく、磁鉄鉱の細かい粒だ。磁石を使って集めてみよう。ねらい目は、黒っぽい砂が集まっているところ。黒い砂は、輝石（p.24）や角閃石（p.23）などであることも多いが、磁鉄鉱も見つかることが多い。

● 砂浜の砂鉄

砂粒の黒っぽい部分には、輝石や角閃石などにまざって磁鉄鉱（砂鉄）が見つかる。

● 小針浜海水浴場

波で動かされて、砂鉄をふくむ重い砂粒が集まった部分が黒っぽく見える。

12 ジルコン

日本最古の鉱物はジルコン。
美しいものは宝石にもなる。

写真:石橋隆

Zircon

化学式:$ZrSiO_4$
結晶系:正方晶系
分類:ケイ酸塩鉱物
モース硬度:7.5
比重:4.7
へき開:なし
条痕色:白色
光沢:ダイヤモンド光沢

● ジルコンをふくむ岩石

火成岩:花崗岩
堆積岩:砂岩
変成岩:片麻岩

日本最古の鉱物

◉ 花崗岩中のジルコン

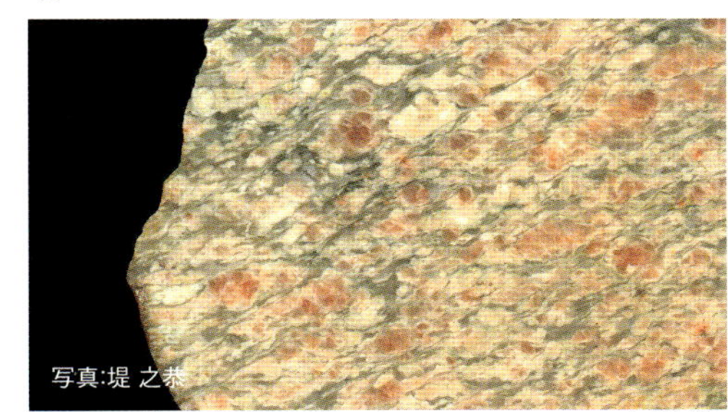
写真:堤 之恭

富山県黒部市宇奈月産の変形を受けた花崗岩。

◉ 日本最古の鉱物ジルコン

写真:堤 之恭

岩石からとりだしたジルコンの粒。

最先端の科学に大きく貢献

ジルコニウムという元素をふくむ鉱物で、本来は無色透明ですが、不純物や結晶構造の欠陥のせいで色がついていることがあります。ハフニウム、ウラン、トリウムなどの放射性元素をふくんでいるのがふつうで、岩石ができた年代の測定に利用されます。火成岩に少しふくまれており、風化によって分離したジルコンが堆積岩や変成岩にふくまれていることもあります。

用語解説

放射性元素

放射性元素は、鉱物が結晶になってから何年たっているかをはかるために用いられる。鉱物中にわずかにふくまれる放射性元素は、放射線を出しながら少しずつ別の元素にかわっていくのだが、その速さはわかっている。それによって、放射性元素が鉱物の中に閉じこめられてからの時間を計算できるというわけだ。

インタビュー

ジルコンを調べると岩石の年齢がわかるのはなぜ?

◉ 谷 健一郎博士
(国立科学博物館
地学研究部 研究主幹)

写真(3点とも):谷 健一郎

ジルコン中にふくまれるウランは一定の割合で時間とともに鉛にかわります。ジルコン中にふくまれるウランと鉛の量を質量分析計とよばれる装置で精密に測定することで、マグマからジルコンができてから経過した時間、つまり岩石の年齢を計算できるのです。

◉ ジルコンの電子顕微鏡写真

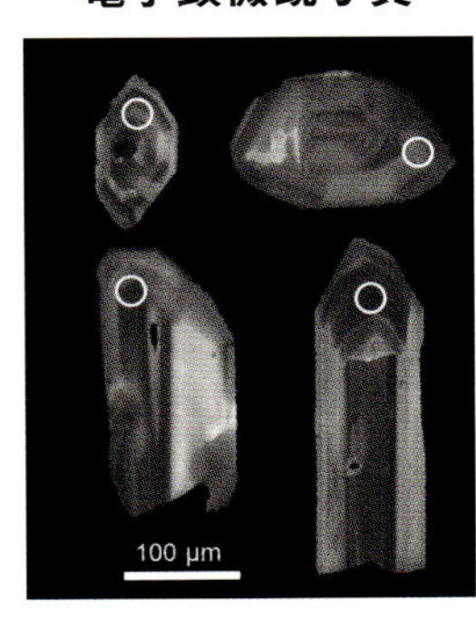

◉ ジルコンの構造

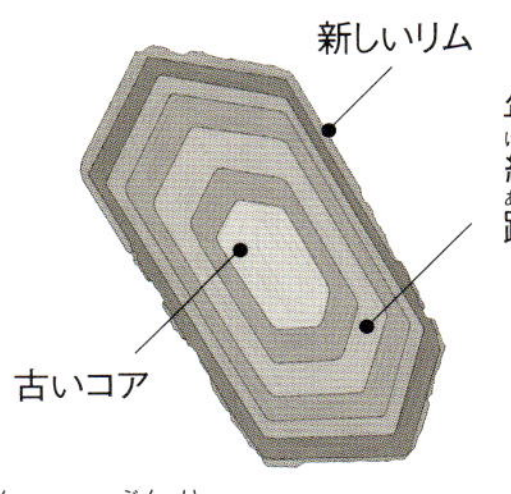

花崗岩から分離してみがいたジルコン結晶の画像。白丸(直径約25μm)は年代測定分析をおこなった部分。

◉ 実験室のようす

年代測定に使用されている質量分析計。

まちで出会えるキラキラ鉱物

まちの中を歩いていて、ビルの壁にキラッと光るものを見つけたことはないだろうか？
建物や駅の構内に使われている石材には鉱物が入っている。その鉱物が光っているのだ。

東京駅周辺（東京都）

❶ 宝石にもなるざくろ石

◉ ジャロサンタセシリアの中の大粒のざくろ石

ブラジル産の石材「ジャロサンタセシリア」には、赤いざくろ石（ガーネット）がふくまれている。

◉ ざくろ石の結晶（p.26）

◉ 丸の内永楽ビル　◉ ビルの壁

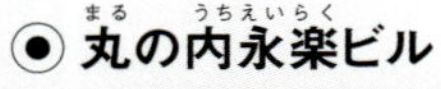

ざくろ石（ガーネット）

床や壁の石材にざくろ石がいっぱいだ。

❷ 金色のラメのような輝石

◉ グラントウキョウノースタワー玄関　◉ ブラックギャラクシーの中できらめく輝石　◉ 輝石の結晶（p.24）

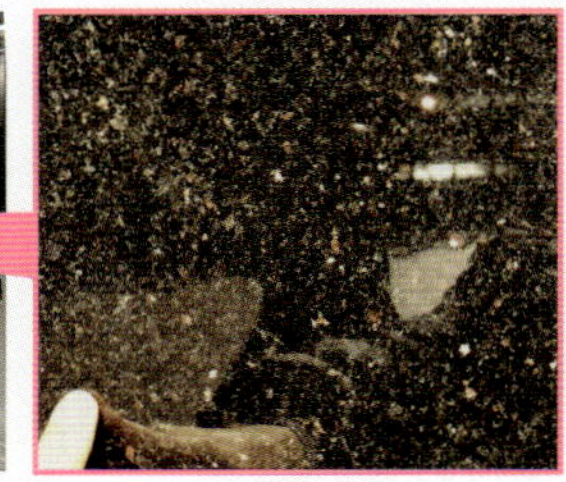

インド産の「ブラックギャラクシー」という石材に、ブロンズ色にきらめく輝石がふくまれている。

❸ 青く輝くアルカリ長石

◉ 東京駅丸の内南口改札付近の壁　◉ エメラルドパールの中のキラキラ長石　◉ アルカリ長石の結晶（p.19）

ノルウェー産の石材「エメラルドパール」には、緑色～青色に輝くアルカリ長石がふくまれている。

まちのなかは宝石箱!?

ビルの壁でざくろ石（ガーネット）をさがしてみましょう。じつは、ビルの壁などに使われている石材の中にも鉱物がいっぱいなのです。そのなかでも、赤くてコロコロした形をしているざくろ石は、比較的見つけやすいでしょう。

石材はきれいにみがきあげられているので、岩石の中に鉱物がどのようにうもれているのかを観察するのにちょうどよいのです。しかも、世界各地で切りだされたさまざまな石材が、まちのあちこちに使われていて、お出かけのついでに観察できてしまいます。もちろん採集することはできませんが、まちを歩くことが楽しくなるにちがいありません。

宝石名と鉱物名のちがい

ルビーやサファイアという名前の鉱物はない。そういうとおどろく人もいるだろう。ルビーもサファイアも、「コランダム」(p.38)という鉱物で、色がちがうだけなのだ。このように宝石名と鉱物名は一致していない。宝石名に親しみがある人が多いかもしれないが、科学の世界では鉱物名が使われる。

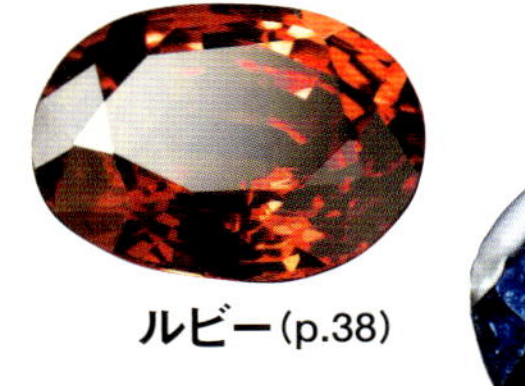
ルビー(p.38)

サファイア(p.38)

名古屋駅周辺(愛知県)

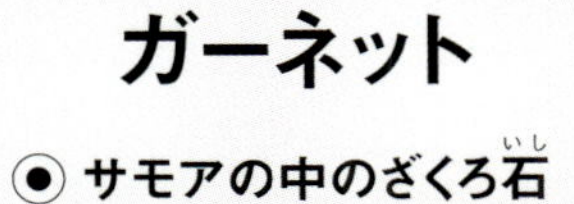

AREA 名古屋駅(愛知県)

1 駅ビルの"宝石"ガーネット

◉ ざくろ石の結晶(p.26)

◉ サモアの中のざくろ石

ブラジル産の石材「サモア」には、赤いざくろ石(ガーネット)がふくまれている。

◉ JPタワー

床や壁の石材にはざくろ石(ガーネット)がいっぱいだ。

◉ JPタワーの壁

2 青く輝くアルカリ長石

◉ 第三堀内ビル

ノルウェー産の石材「エメラルドパール」に、緑色〜青色にきらめくアルカリ長石はふくまれている。

◉ エメラルドパールの中のアルカリ長石

3 青白くきらめくアルカリ長石

◉ ナディアパークの壁

ノルウェー産の石材「ブルーパール」に、青白くきらめくアルカリ長石がふくまれている。

◉ ブルーパールの中のアルカリ長石

キラキラしてるよ!

自分の指を入れて写真を撮ると、鉱物の大きさがわかりやすいね。

マントルで生まれる宝石

人類が挑戦しながらまだ掘りぬけないほど深い場所、マントル。そこで生まれる宝石がある。どうしてそんなに深い場所にできた宝石が、私たちのくらす地上にあるのだろう?

マントルは宝石でいっぱい!

地球内部のマントル(p.15)は、ドロドロにとけたマグマだらけだと思っている人もいるかもしれません。しかし、実際は岩石でできており、かんらん石(p.25)のほか、輝石(p.24)やざくろ石(p.26)などの鉱物がふくまれています。これらの鉱物はみがいて宝石にされるものばかりですから、マントルは宝石だらけだといってよいでしょう。宝石の代表であるダイヤモンドも、深さ150km以上のマントルで生まれます。

人間が行くつくことのできないほど深いマントルでできた鉱物がどうして地表にあるのでしょうか。それは火山噴火によって地表に噴出した溶岩の中にマントルのかけらがまぎれていることがあるからです。鉱物は、地球内部でどんなことが起こっているのか教えてくれる貴重なサンプルなのです。

● ダイヤモンドが地表に運ばれてくるまで

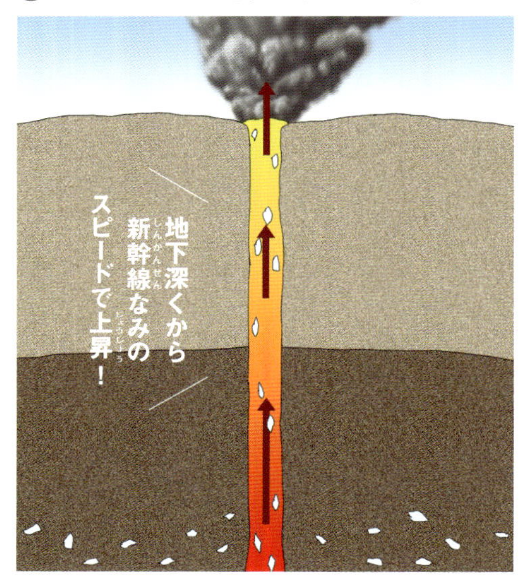

地下深くから新幹線なみのスピードで上昇!

ダイヤモンドは、深さ150km以上のところにあるマントルで生まれ、マグマによって高速で地表に運ばれる。

ペリドット(かんらん石)

鉱物のかんらん石のなかで、美しい宝石をペリドットとよぶ。

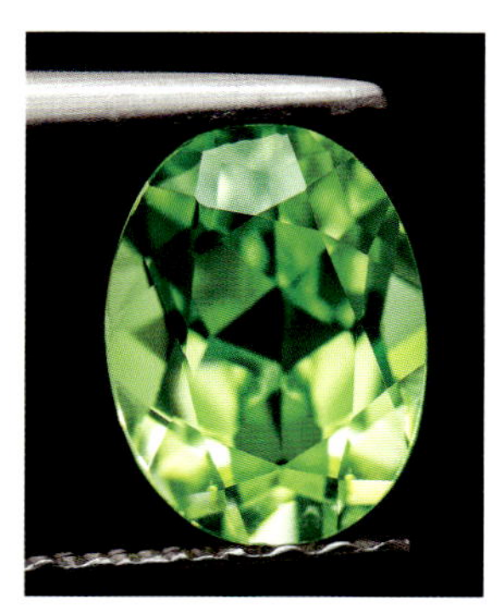

カットされて美しくきらめくペリドット。

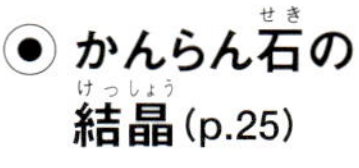

8月の誕生石!

Peridot

鉱物名:かんらん石
(英名:Olivine)
化学式:$(Mg, Fe)_2SiO_4$
結晶系:直方晶系
分類:ケイ酸塩鉱物
モース硬度:7 **比重**:3.2〜3.8
条痕色:白色
へき開:なし
光沢:ガラス光沢

● かんらん石の結晶(p.25)

写真:石橋隆

AREA **ハワイ島**(アメリカ合衆国)

● ハワイ島のグリーンサンドビーチ

黒い玄武岩に囲まれた湾の奥にある砂浜。

● ビーチの砂粒(かんらん石)

写真(2点とも):古川邦之

砂を見ると緑色のかんらん石だらけだ。

緑色に輝く石

溶岩がくだけてできた砂浜にきれいなかんらん石が集まっていることがある。アメリカのハワイ島のグリーンサンドビーチは有名。マントルの大部分はかんらん石でできており、マントルの深いところからの上昇流「プルーム」の謎をとく鍵でもある。

ダイヤモンド(金剛石)

地下150kmより深いマントルでできる鉱物。
原石は特殊な火成岩にふくまれている。

4月の誕生石!

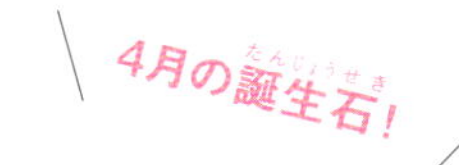

美しいダイヤモンドの宝石は粉末のダイヤモンドを使ってみがかれる。

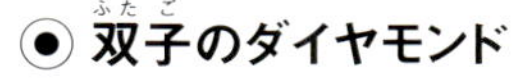
上の写真は、
ダイヤモンドの
美しさを引きだす
「ブリリアント・カット」が
ほどこされたものだよ。

Diamond

鉱物名:ダイヤモンド
(英名:Diamond)
化学式:C
結晶系:立方晶系
分類:炭素鉱物
モース硬度:10
比重:3.5
へき開:あり
光沢:ダイヤモンド光沢

● ダイヤモンドと母岩(火成岩)

ダイヤモンドは特殊な火成岩「キンバーライト」の中から見つかる。

5mm
キラキラ
してる!

ロシア産　所蔵:奇石博物館

いろいろなダイヤモンド

わずかに窒素をふくんでいるために黄色味をおびたダイヤモンドもあります。その黄色いダイヤモンドと無色のダイヤモンドがくっついていたり、ダイヤモンドの中に赤いガーネットが入っていたりすることもあります。ちがう環境で生まれた鉱物どうしはどこで出会ったのでしょうか。

● ガーネット イン ダイヤモンド

ダイヤモンドの中に
ガーネットが
入っていることもある!
ガーネット

写真:Stephen Richardson

ダイヤモンドの中に、ダイヤモンドより前にできたガーネットの小さな結晶が入っている。

色がついた
ダイヤもきれい!

● 双子のダイヤモンド

黄色と無色の結晶がくっついたダイヤモンド。

写真:中村 淳

マグマの中でできる宝石

私たちがくらす地面をふくむ地球の地殻。その中のマグマから生まれる宝石がある。
マグマの成分や結晶になる深さなどによって、さまざまな宝石になる。

ムーンストーン（月長石）

透明感のある乳白色の中に、
月を思わせる青白い光の反射が見える。

6月の誕生石！

みがかれたムーンストーン。

● アルカリ長石の結晶 (p.19)

Moonstone

鉱物名：アルカリ長石
（英名：Alkali-feldspar）
化学式：$KAlSi_3O_8$〜$NaAlSi_3O_8$
結晶系：単斜または三斜晶系
分類：ケイ酸塩鉱物
モース硬度：6　**比重**：2.6
へき開：あり　**条痕色**：白色
光沢：ガラス光沢

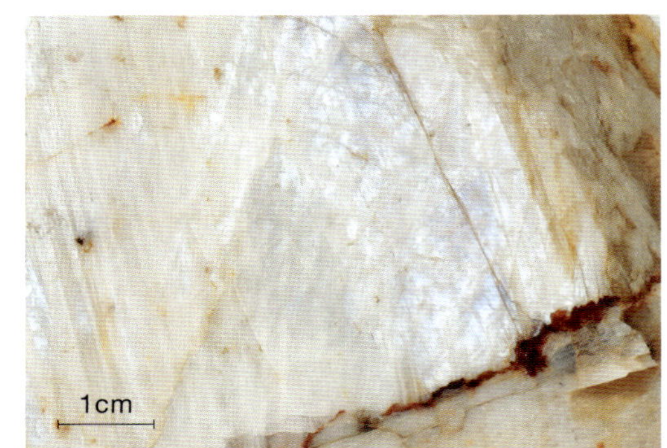

ロシア産
所蔵：奇石博物館

● 月長石の原石
（アルカリ長石）

鉱物のアルカリ長石は、青白い光を反射する。このアルカリ長石をみがくと宝石になる。

青白く輝くアルカリ長石

アルカリ長石のうち、青色や乳白色のせん光があらわれるものがムーンストーンです。結晶の中にうすい膜の構造があることで起こる光の干渉という現象のためです。

● 長石系の宝石ができるしくみ

マグマが冷えて
固まるときにできる宝石

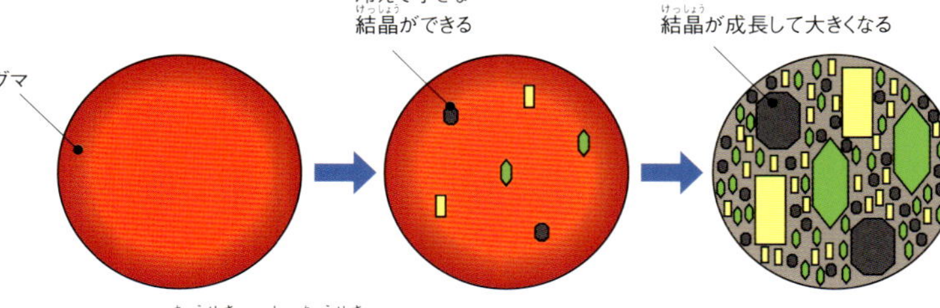

アルカリ長石や斜長石などは、冷えていくマグマの中に小さな結晶ができ、少しずつ成長して大きくなる。

ラブラドライト（曹灰長石）

石の表面に虹色の光がうかぶ。
ことなる鉱物のうすい層が重なりあっている。

原石をみがくと青い光をはなつように見える。

● 斜長石の結晶 (p.20)

Labradorite

鉱物名：斜長石（英名：Plagioclase）
化学式：$CaAl_2Si_2O_8$ - $NaAlSi_3O_8$
結晶系：三斜晶系
分類：ケイ酸塩鉱物
モース硬度：6〜6.5
比重：2.6〜2.7
へき開：あり
条痕色：白色
光沢：ガラス光沢

● ラブラドライトと母岩

結晶が大きくなる際にできる帯状の構造が見える。

フィンランド産
所蔵：奇石博物館

あざやかに輝く斜長石

斜長石（p.20）のうち、さまざまな色のせん光があらわれるものは「ラブラドライト」とよばれます。独特のせん光は、結晶の中にうすい膜の構造があることで起こる光の干渉のためです。

トルマリン(電気石)

赤色、緑色、黄色、青色などさまざまな色があり、美しい宝石になる。

10月の誕生石!
柱状の結晶をつくる。

Tourmaline

鉱物名: リチア電気石(英名:Elbaite)
化学式: $Na(Li,Al)_3Al_6(BO_3)_3Si_6O_{18}(OH)_4$
結晶系: 三方晶系
分類: ケイ酸塩鉱物
モース硬度: 7.5
比重: 2.9〜3.1
へき開: あり
光沢: ガラス光沢

カラフルで美しい宝石

電気石はホウ素をふくむ鉱物。加熱したり圧力をかけたりすることで静電気を帯びる性質があります。多くは黒っぽいのですが、リチウムをふくむものはピンク色で、美しいものは宝石にされます。

● トルマリンの柱状結晶と母岩

母岩のペグマタイトにトルマリンの結晶ができている。

1cm
所蔵:奇石博物館
ブラジル産

● トルマリンができるしくみ

ペグマタイトの中には、トルマリン以外にも、さまざまな宝石ができるんだ。

ドロドロのマグマ

マグマの泡の中

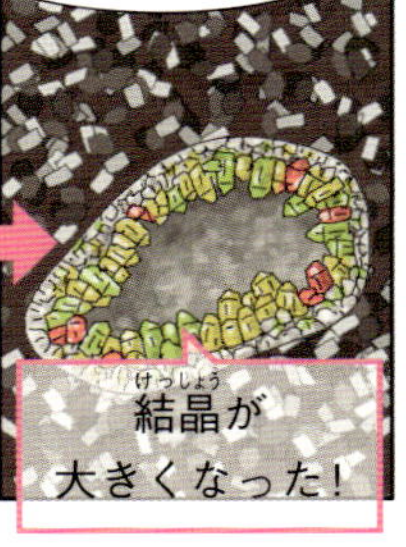
結晶が大きくなった!

水分やガスなどを多くふくんだマグマは、流れやすかったり、泡ができたりして、大きな結晶ができやすい状態となっている。このような状態のマグマが固まった岩石をペグマタイトという。ホウ素というガスをふくんでいると、トルマリンをふくむペグマタイトができる。

トパーズ(黄玉)

おもにペグマタイトに見つかる宝石。青色や黄色が多い。

所蔵:奇石博物館

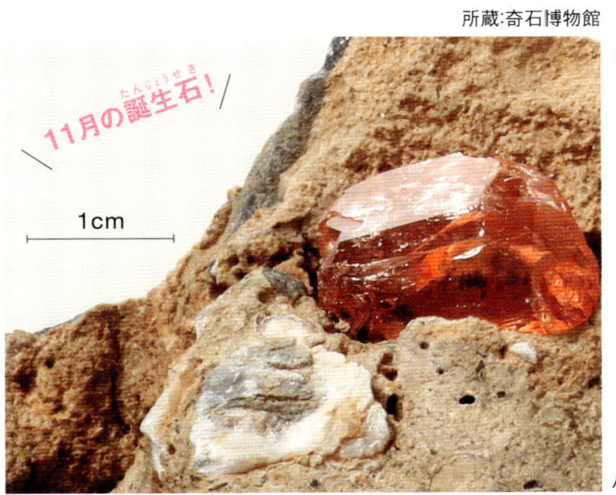
11月の誕生石!
1cm
パキスタン産
高温の熱水脈の中でできた結晶。

Topaz

鉱物名: トパーズ(英名:Topaz)
化学式: $Al_2SiO_4F_2$
結晶系: 直方晶系
分類: ケイ酸塩鉱物
モース硬度: 8
比重: 3.4〜3.6
へき開: あり
光沢: ガラス光沢

黄色い宝石の代表

トパーズはフッ素をふくむ鉱物です。昔は黄色い宝石はすべてトパーズとよんでいました。黄色、青色、緑色などさまざまな色がありますが、本来は無色透明です。

アクアマリン(藍柱石)

水色で透明な結晶。おもにペグマタイトに見つかる宝石。

所蔵:奇石博物館

3月の誕生石!
1cm
パキスタン産
母岩のペグマタイトに産出した柱状の結晶。

Aquamarine

鉱物名: 緑柱石(英名:Beryl)
化学式: $Be_3Al_2Si_6O_{18}$
結晶系: 六方晶系
分類: ケイ酸塩鉱物
モース硬度: 7.5〜8
比重: 2.6〜2.9
へき開: なし
光沢: ガラス光沢

少しの鉄で水色になる

ベリリウムという元素をふくむ緑柱石という鉱物のうち、水色のもの。本来、無色透明ですが、青味を帯びているのは、鉄分をわずかにふくんでいるせいです。そのため「海の色」という意味の「アクアマリン」とよばれます。

岩盤の割れ目にできる宝石

地下のかたい岩盤の割れ目で生まれる宝石がある。
このなかまの宝石は、とても熱い水の中の物質が美しい結晶になったものだ。

水晶のなかま

鉱物名は石英、宝石名が水晶となる。

2月の誕生石！

アメシスト（紫水晶）

Amethyst

鉱物名：石英（英名:Quartz）
化学式：SiO_2
結晶系：三方晶系（低温型）
分類：酸化鉱物　**モース硬度**：7
比重：2.7　**へき開**：なし
条痕色：白色　**光沢**：ガラス光沢

アメシストの美しい色は、結晶の中の鉄イオンに放射線が当たったことによる。

アゲート（めのう）

Agate

鉱物名：石英（英名:Quartz）

所蔵:奇石博物館
アメリカ合衆国産

とても小さな石英の結晶が集まったもの。しまもようがある。

カルセドニー（玉ずい）

Chalcedony

鉱物名：石英（英名:Quartz）

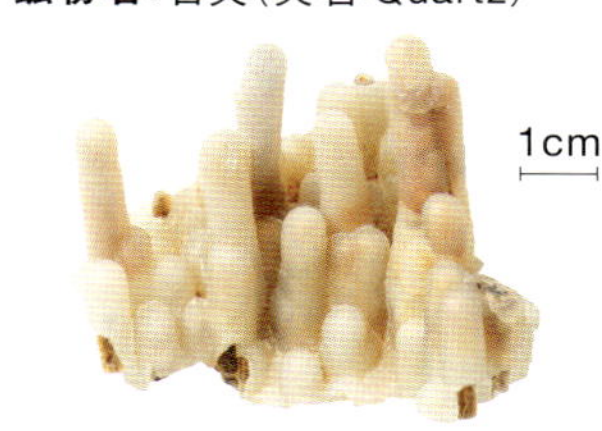

青森県平内町産　所蔵:奇石博物館

アゲートと同じく石英の結晶が集まったもの。しまもようはない。

熱水からできた結晶

岩盤に割れ目ができると、水が入ってきます。地圧が大きな地下深部では、100℃をこえても水は沸騰せずたくさんの物質をとかしこんでいます。このため、割れ目の中に入ってきた熱水の温度が下がると、とけこんでいた物質が沈澱したり、熱水と岩石が化学反応を起こしたりして、新しい鉱物ができます。「水晶」は熱水から沈澱してできた代表的な宝石です。

● 水晶ができるしくみ　水

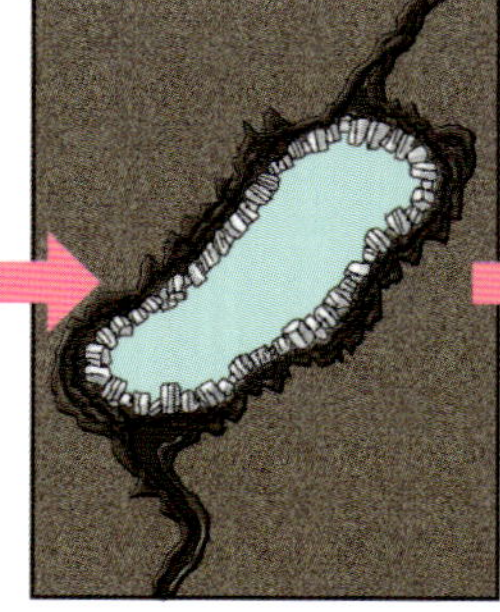

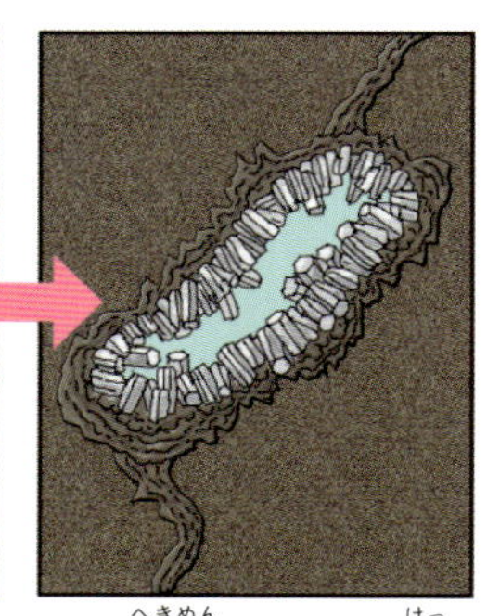

熱水が地下の割れ目の一部の広い空間を通る。まず壁面に細かい結晶ができ、やがて閉じこめられた水の中から水晶が成長する。

コラム

「カルセドニー」と「ジャスパー」　1巻

目では見えないくらいとても細かい石英の結晶の粒が集まってできている鉱物をカルセドニー（玉ずい）といいます。カルセドニーのなかで、色やもようがついた不透明なものをジャスパー（へき玉）といい、ジャスパーで赤いものをレッドジャスパーといいます。赤いのは不純物として赤鉄鉱をふくんでいるため。佐渡島のレッドジャスパーは「赤玉石」ともよばれます。

佐渡島の赤玉石

新潟県佐渡島産　所蔵:奇石博物館

3月の誕生石！

ブラッドストーン

ブラッドストーンは、2021年になかま入りした新しい誕生石のひとつ。鉱物名は石英で、ジャスパーの一種。

オパール(蛋白石)

10月の誕生石!

見る角度や光によって虹色がゆらめくように見える。

鉱物名:オパール(英名:Opal)
化学式:$SiO_2 \cdot nH_2O$
結晶系:非晶質
分類:ケイ酸塩鉱物
モース硬度:6
比重:2.1　**へき開**:なし
条痕色:白色
光沢:ガラス光沢〜樹脂光沢

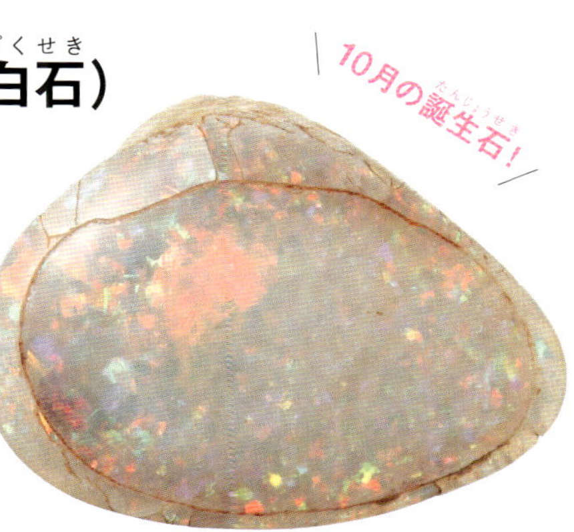

オパール化した貝化石。
オーストラリア産
所蔵:奇石博物館
1cm

細かい球状の粒の集まり

オパールは、カルセドニーと同じように目では見えないくらい細かい粒が集まってできていますが、その粒が石英の結晶ではなく、水分をふくんだ小さな球状でガラス質の二酸化ケイ素(シリカ球)です。虹色にきらめくものは「プレシャスオパール」とよばれます。

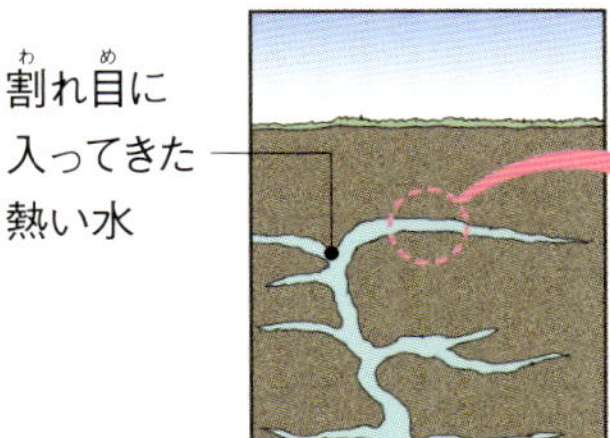

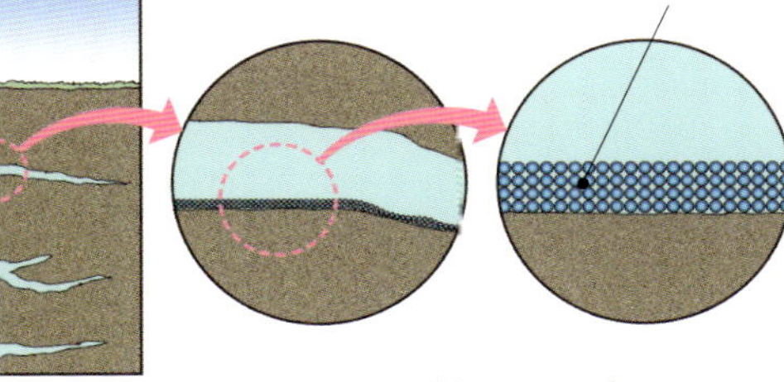

地下の割れ目に入ってきた熱い水の中の二酸化ケイ素(シリカ)という成分が沈殿してできる。

マラカイト(孔雀石)

大きさのことなる粒が層をつくり断面の美しい宝石となる。

Malachite

鉱物名:マラカイト
(英名:Malachite)
化学式:$Cu_2(CO_3)(OH)_2$
結晶系:単斜晶系
分類:炭酸塩鉱物
モース硬度:3.5〜4
比重:4　**へき開**:あり
条痕色:緑色　**光沢**:ダイヤモンド光沢

層状の孔雀石をみがいたもの。

断面にしまもようがあらわれる

銅をふくむ鉱物が、水や空気中の二酸化炭素と化学反応してできる鉱物です。細かくくだいたものは、古くから岩絵の具として使われ「緑青」とよばれます。割れ目の中で沈澱するときれいなしまもようをつくることがあり、みがいて装飾に使われます。

● マラカイトができるしくみ 水

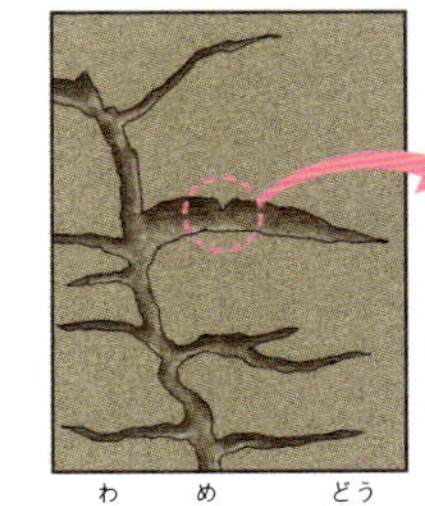

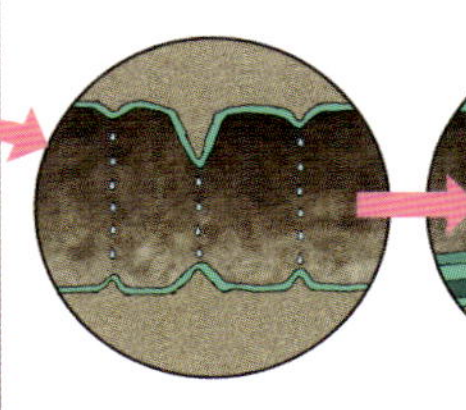

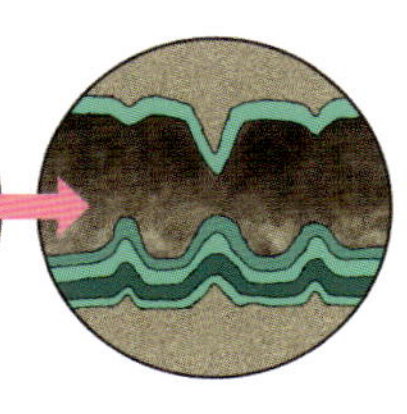

地下の割れ目で、銅をふくむ鉱物が水にとけて、とけだした銅が二酸化炭素と反応してできる。

ターコイズ(トルコ石)

美しい青緑色の石。
青色はおもな成分の銅のはたらきによる。

Turquoise

鉱物名:ターコイズ(英名:Turquoise)
化学式:$CuAl_6(PO_4)_4(OH)_8 \cdot 4H_2O$
結晶系:三斜晶系
分類:リン酸塩鉱物
モース硬度:5〜6
比重:2.9
へき開:あり
条痕色:淡青色
光沢:ろう光沢〜ガラス光沢

12月の誕生石!

1cm
アメリカ合衆国産のトルコ石のかたまり。
所蔵:奇石博物館

どの宝石もきれい!

地球が生んだ奇跡だね。

世界最古の宝石のひとつ

トルコ石は、銅やリンなどをふくむ青緑色の鉱物です。大きな結晶で見つかることはなく、割れ目をうめる微細な粒の集合体として見つかります。トルコ石はトルコで大量に採掘されていたわけではなく、かつてペルシャ産のものがトルコを通じてヨーロッパに普及したためだといわれています。

岩石の中で生まれる宝石

かたい岩石が地下の熱や圧力によって変化することがある。
そういうとき、岩石の中に新しい鉱物ができ、なかでも美しいものが宝石となる。

エメラルド（翠玉）

透明感のある緑色に輝く、宝石のなかの宝石。

5月の誕生石！

Emerald

鉱物名：緑柱石（英名:Beryl）
化学式：$Be_3Al_2Si_6O_{18}$
結晶系：六方晶系
分類：ケイ酸塩鉱物
モース硬度：7.5〜8
比重：2.6〜2.9
へき開：なし
条痕色：白色
光沢：ガラス光沢

透明感のある美しい緑色で、「宝石の女王」とよばれる。

運よく緑色になれた緑柱石

ベリリウムをふくむ緑柱石という鉱物は本来無色ですが、クロムやバナジウムがふくまれていると緑色を帯びます。この緑色のなかで美しいものが「エメラルド」とよばれます。青色のものはアクアマリン（p.35）。もともと、ベリリウムが多い岩石にはクロムやバナジウムが少ないのですが、エメラルドの美しい緑色は、運よくこれら元素どうしの出会いがあった証といえるでしょう。

● エメラルドができるしくみ

砂岩や泥岩が高い圧力と高熱を受けて、結晶が再結晶して大きく成長する。

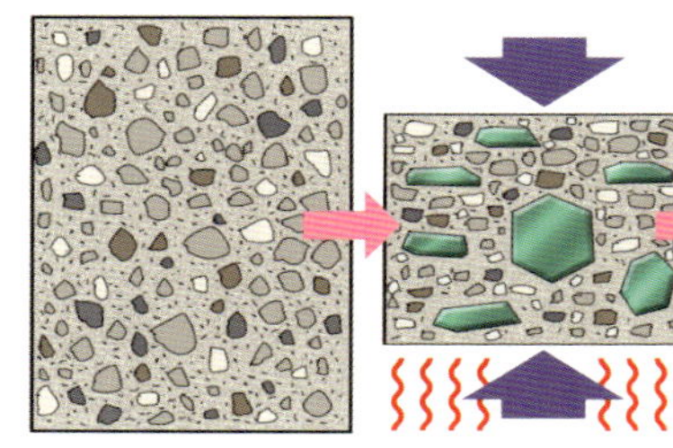
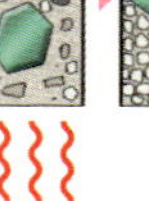
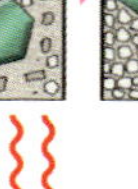
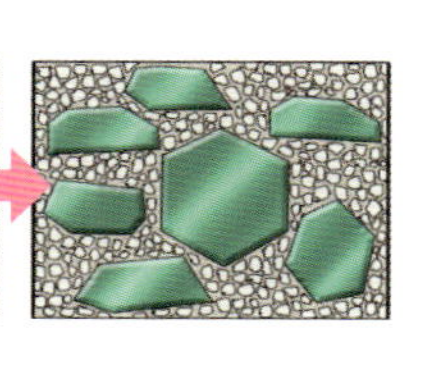

コロンビア産　所蔵:奇石博物館

● エメラルドの結晶と母岩

柱状の結晶で母岩は泥質の岩石。白色に見えるのは方解石。

ルビー（紅玉）・サファイア（青玉）

変成岩の中で生まれる、赤色・青色の宝石の代表選手。

ルビー（紅玉）

Ruby

サファイア（青玉）

鉱物名：コランダム
（英名:Corundum）
化学式：Al_2O_3
結晶系：三方晶系
分類：酸化鉱物
モース硬度：9
比重：4.0
へき開：なし
条痕色：白色
光沢：ガラス光沢

7月の誕生石であるルビーとは兄弟のような関係。
鉱物としては同じコランダムのなかま。

赤はルビー、それ以外はサファイア

コランダムは酸化アルミニウムを主成分とする鉱物で、変成岩にふくまれます。灰色〜褐色のものが多いですが、クロムをふくむと赤色に、鉄やチタンをふくむと青色になります。美しい赤色のものは「ルビー」とよばれ、それ以外の色のものは「サファイア」とよばれます。

● サファイアの結晶と母岩

熱や圧力で変化した白雲母の母岩の中にできたサファイアの結晶。

タジキスタン産
所蔵:奇石博物館

ガーネット（ざくろ石）

赤色の宝石として知られ、
20種類以上の鉱物をふくむグループ名。

鉱物名：
ざくろ石（英名:Garnet）
化学式：$(Ca,Fe,Mn)_3(Al,Cr)_2(SiO_4)_3$
結晶系：立方晶系
分類：ケイ酸塩鉱物
モース硬度：6.5〜7.5
比重：3.5〜4.4
へき開：なし
条痕色：白色
光沢：ガラス光沢

いくつもあるガーネットのなかで赤色のものをとくに「パイロープ」とよぶ。

◉ **ガーネットの結晶と母岩**
灰ばんざくろ石の結晶。母岩は珪灰石と石英からなる。

メキシコ産　所蔵:奇石博物館

変成岩から生まれる宝石

ガーネットは鉱物グループの名前で、成分のちがいによってさまざまな種類があります。このため、色も赤だけでなく、オレンジ、ピンク、緑などさまざまです。できる環境もさまざまですが、宝石級のガーネットの多くは変成岩の中から見つかります。

ひすい

縄文時代の人びとからも愛された宝石。
蛇紋岩とともに地表にあらわれる。

Jadeite

鉱物名：ひすい輝石
（英名:Jadeite）
化学式：$NaAlSi_2O_6$
結晶系：単斜晶系
分類：ケイ酸塩鉱物
モース硬度：6〜7
比重：3.2〜3.4
へき開：あり
条痕色：白色
光沢：ガラス光沢

写真:フォッサマグナミュージアム

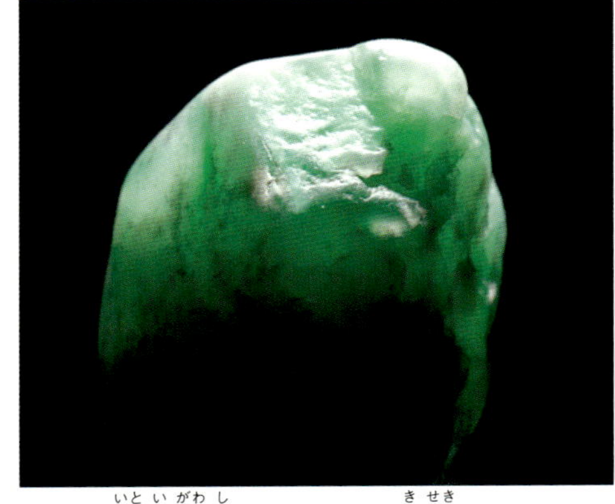

新潟県糸魚川市産のひすい輝石。

日本を代表する石

「ひすい」とよばれている宝石は、1種類の鉱物ではなく、「ひすい輝石」や「オンファス輝石」などのとても小さな鉱物の結晶が集まっている岩石です。緑色のイメージがありますが、白、淡紫、黒などいろいろな色のものがあります。2016年に日本鉱物科学会によって日本の「国石」に選ばれました。

用語解説

国石

国花、国木、国鳥などがあるように、多くの国でその国を象徴するような石が「国石」として選ばれている。オーストラリアはオパール、ミャンマーはルビーなど、その国でよくとれる宝石を選んでいるところが多い。

コラム

縄文時代の宝石　歴史

およそ6000〜5000年前の縄文時代の遺跡から、ひすいの装飾品が発見されている。弥生時代や古墳時代の遺跡からも見つかるが、奈良時代よりあとの時代だと見つからない。1938年に新潟県糸魚川市でひすいの原石が発見されるまでわすれさられていたようだ。

写真:丸山遺跡出土／三内丸山遺跡センター

小さな穴をあけるのがむずかしそう！

◉ **ひすい製大珠**
青森県の遺跡で見つかったひすいは糸魚川産。幅約5cm。

日本で採掘されていた鉱石

鉱石とは、鉱物あるいは岩石のなかで資源として利用できるもの。
かつて日本では多くの鉱山で鉱石が掘りだされて、人びとのくらしに役立っていた。 くらし

金をふくむ鉱石

金は地殻の中にとても少なく、
さびない性質をもっている。

自然金

Gold

化学式:Au
結晶系:立方晶系
分類:元素鉱物
モース硬度:2.5
比重:19.3　**へき開**:なし
条痕色:金色
光沢:金属光沢

石英の中から見つかることが多い。

1cm
自然金

オーストラリア産
所蔵:奇石博物館

●金鉱石

新潟県の佐渡鉱山でとれた金鉱石。自然金が見える。金鉱石の中にふくまれる金は、1tあたり2～10gほど。

自然金
1cm
所蔵:奇石博物館

銀をふくむ鉱石

銀は金とちがって表面がさびやすい。
内部は銀色をしている。

自然銀

Silver

化学式:Ag
結晶系:立方晶系
分類:元素鉱物
モース硬度:2.5
比重:10.5
へき開:なし
条痕色:銀色
光沢:金属光沢

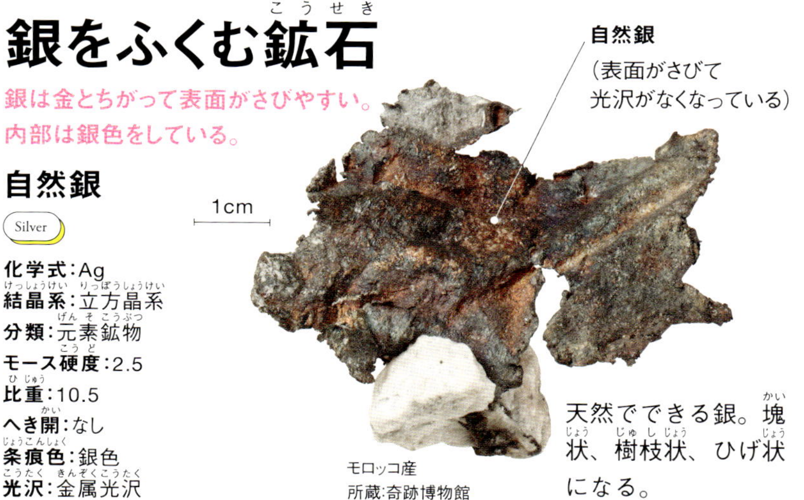

モロッコ産
所蔵:奇跡博物館

天然でできる銀。塊状、樹枝状、ひげ状になる。

銅をふくむ鉱石

銅は人類が本格的に利用した
最初の金属ともいわれる。

黄銅鉱

Chalcopyrite

化学式:$CuFeS_2$
結晶系:正方晶系
分類:硫化鉱物
モース硬度:4
比重:4.3
へき開:なし
条痕色:緑黒色
光沢:金属光沢

黄銅鉱
1cm

秋田県小坂鉱山産　所蔵:奇石博物館

黄銅鉱は銅の鉱石としてもっとも重要。

今も地下で生まれている「鉱石」

　鉱物や岩石のなかで人のくらしに役立つ「鉱石」にはたくさんの種類があります。たとえば、金をとりだせる岩石は「金鉱石」です。
　日本にも昔は、金・銀・銅・鉛・亜鉛などの金属資源となる鉱石を掘る鉱山がたくさんありました。今は経済的に成り立たないので掘っている鉱山はわずかしかありませんが、日本列島の地下にはさまざま鉱石がたくさんねむっています。それは、地下には大量のマグマがあったり、熱水が通る割れ目が多かったりして、地殻変動が活発な場所だからです。日本列島の地下深部では、現在でもいろいろな鉱石がつくられていることでしょう。

アンチモンをふくむ鉱石

アンチモンは半導体などの原料として使われる金属。

輝安鉱はアンチモンの原鉱としてもっとも用いられている。

1cm

輝安鉱

Stibnite

化学式：Sb_2S_3　結晶系：直方晶系　分類：硫化鉱物
モース硬度：2　比重：4.6　へき開：あり
条痕色：濃い灰色　光沢：金属光沢

愛媛県市ノ川鉱山産
所蔵：奇石博物館

鉄をふくむ鉱石

鉄は現代社会でかかすことのできない金属のひとつ。

磁鉄鉱

Magnetite

化学式：Fe_3O_4
結晶系：立方晶系
分類：酸化鉱物
モース硬度：5.6～6.5
比重：5.2　へき開：なし
条痕色：黒色
光沢：亜金属光沢

磁鉄鉱は赤鉄鉱（p.10）とともに鉄の代表的な鉱石。

埼玉県秩父市産

鉛をふくむ鉱石

鉛はバッテリー（鉛蓄電池）などに使われている金属。

方鉛鉱

Galena

化学式：PbS
結晶系：立方晶系
分類：硫化鉱物
モース硬度：2.5
比重：7.6　へき開：あり
条痕色：濃い灰色
光沢：金属光沢

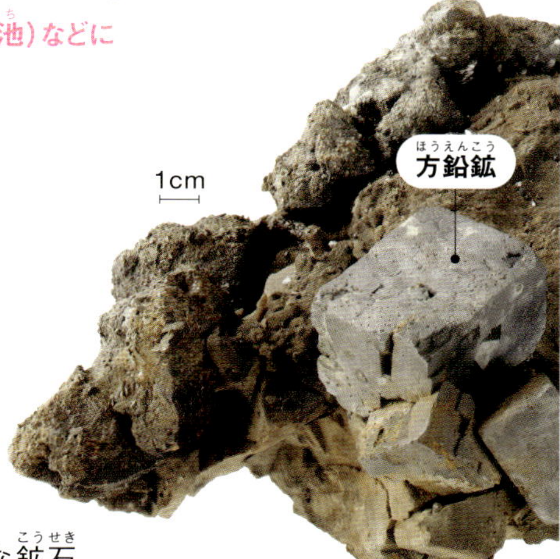

方鉛鉱は鉛の代表的な鉱石。銀をふくむことがある。

アメリカ合衆国産
所蔵：奇石博物館

亜鉛をふくむ鉱石

亜鉛は建築材料やサプリメント、塗料などに使われている金属。

閃亜鉛鉱

Sphalerite

化学式：(Zn, Fe)S
結晶系：立方晶系
分類：硫化鉱物
モース硬度：3.5～4
比重：3.9～4.1
へき開：あり
条痕色：黄色～褐色～白色
光沢：ダイヤモンド光沢～金属光沢

青森県尾太鉱山産　所蔵：奇石博物館

亜鉛の代表的な鉱石で、黄鉄鉱などといっしょに見つかる。

コラム

生まれたての鉱石 水

海底では、高温の熱水が噴出しているところがある。そこは、熱水がとかしこんでいた銅、鉛、亜鉛、金、銀などの金属が、海水によって冷やされて沈殿しており、「海底熱水鉱床」とよばれる。海底熱水鉱床は、今、まさに鉱石ができている場所であり、伊豆諸島や沖縄など日本近海で多く見つかっている。

写真：NOAA

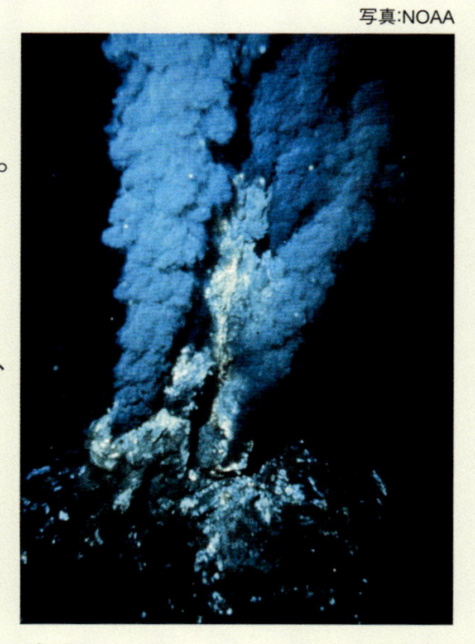

鉱石が生まれつつある海底熱水鉱床。

自分で砂金をとるには

砂金は、山にある金鉱石からはがれ落ちた金のこと。
砂金は川に流されているので、川でとれる。

本物の金を見つけたいな!

砂金がとれやすい川の場所

もっとも砂金がとれやすい場所を、初心者向けに3つにしぼって紹介する。

1. 岩のすき間の土砂

川岸にある岩のすき間には、砂金をはじめ上流から流れてきたものがたまりやすい。

取材協力・写真(5点とも):あおい商店

2. 岩の上のくぼみ

岩盤の上のくぼみにたまった土砂に、砂金がふくまれていることがある。

3. 草の根

川岸の植物の根についた土の中に砂金がふくまれていることがある。

砂金は川底にある

地表にあらわれた金鉱石は、風化してくずれ、川に落ちて流されていきます。これが砂金です。砂金はとても重い*ので、ふわっとうきあがるように流されることはなく、豪雨のときなどに発生するはげしい濁流があると、川底を転がるようにして流されます。

しかし、岩盤のへこみや割れ目などに引っかかってしまうと、かんたんに出てこられず、川底にとどまっていることが多いのです。

*比重が大きい。自然金の比重は19.3(p.40)で、ほかの鉱物とくらべてもとくに大きい。

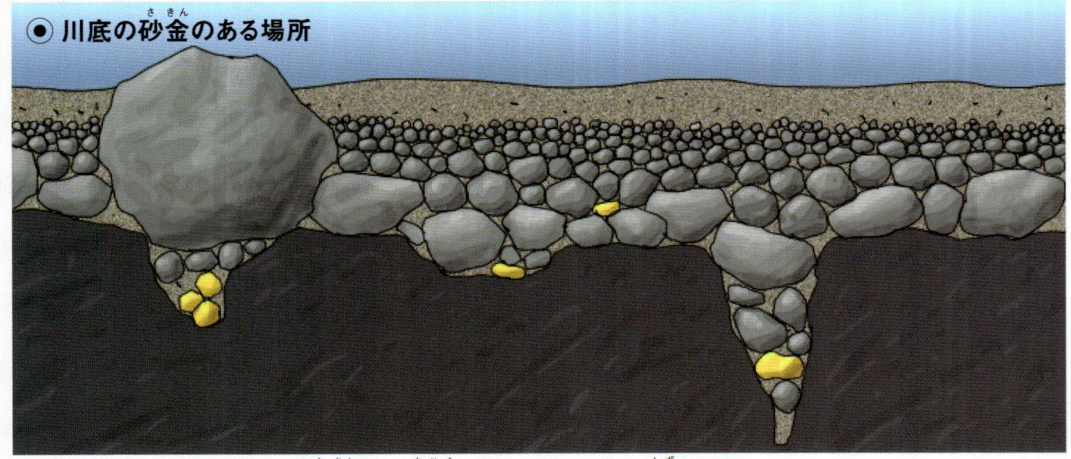

川の上流から流されてきた砂金は、砂粒のすき間から下へ沈む。

【注意】砂金を採集する際は、事前に採集してよい場所かどうか確認しましょう。
国立公園などに指定された地域では、石を動かすことさえ認められていません。
砂金を採集できる場所でも必要最小限にしましょう。また、危険な場所には立ち入らないように気をつけましょう。

川の中でパンニング皿(p.43)を使って砂金とりをするようす。

とれた砂金。1g以上の砂金は「ナゲット」とよばれている。

全国の中高生が技を競いあう

山梨県の湯之奥金山博物館では、毎年、中高生が砂金とりの技を競う「砂金甲子園」がおこなわれています。砂の中に一定量まぜた砂金を、制限時間内にいかに早く正確に見つけることができるかを競いあいます。

砂金をさがしだすのに使う道具は「パンニング皿」。この皿に砂を入れて水の中でゆすると、重い砂金は皿の底に沈みます。不要な砂をゆすって流し、砂金だけを残します。この方法は、自然の砂金をとるのと同じで「パンニング」といいます。

パンニングをマスターすると、砂金だけでなく、磁鉄鉱、ガーネット、ジルコンなど、重い鉱物をさがすのに役立ちます。キミもパンニングに挑戦してみよう！

めざせ！ 砂金チャンピオン！ 砂金甲子園（山梨県）

1. パンニングの技術

AREA
甲斐黄金村
（山梨県）

水中でパンニング皿に土砂を入れて、すばやくていねいにゆすり、砂金だけを残していく。

取材協力・写真（3点とも）：佐藤友哉（桐朋中学校・桐朋高等学校）

2. 息のあったチームワーク

全国から集まった中高生が競いあう砂金甲子園のようす。チーム内で声をかけあうことが大切。

3. 砂金発見！

金の輝きはほかの鉱物とはちがう美しさがあり、その重みも特別なものがある（写真は、砂金とり体験室でとれた砂金）。

コラム

写真：あおい商店

砂金とりに必要な道具

砂金とりのためにあると便利な道具。最小限の道具として、①と⑥（⑥はスコップでよい）を用意しよう。

① **パンニング皿（大・小）とスクリュー管瓶**　② **バケツ**　砂利をまとめて運ぶのに使う。
③ **タコメガネ**　水中のようすを見るのに使う。
④ **ピンセット**　小さな粒をピックアップするときに使う。
⑤ **耐切創手袋**　土砂を手で掘るときのための手袋。
⑥ **カッチャ**　穴掘りに便利な三角形の刃がついた鍬。スコップでも代用できる。
⑦ **スルースボックス**　川の中に置き、土砂を流しこむと段差に砂金が引っかかるしかけ。
⑧ **スナッファーボトル**　砂金を吸いとるために使う。

鉱物に出会える！

全国おすすめ施設ガイド

全国にある鉱物を展示している施設から7か所を選んで紹介する。
施設内で砂金などの鉱物をさがしたり、標本をつくったりすることもできる。

AREA
奇石博物館
（静岡県）

「宝石わくわく広場」で宝石さがしに夢中になる子どもたち。

対象年齢：年齢制限なし

水槽には砂利がしかれて水がはられている。砂利の中からスコップを使って宝石をさがす。

オレンジに見える方解石（p.27）の結晶。

ビデオゲームやマンガに登場する石を集めた展示。

写真（4点とも）：奇石博物館

出会える宝石は40種類以上

ふしぎな石（奇石）を集めた博物館。1971年に「石の博物館」としては日本ではじめて開館した。館内の展示は、ゲームに出てくる石など工夫がある。宝石さがしができる「宝石わくわく広場」は家族で楽しめる博物館を併設した屋内施設。アメシスト、ラピスラズリなど40種類以上の宝石に出会える。

◉ **奇石博物館**
住所：静岡県富士宮市山宮3670
電話：0544-58-3830

AREA
甲斐黄金村・湯之奥金山博物館
（山梨県）

パンニング皿を使った本格的な砂金とり体験。

対象年齢：小学生以上におすすめ

屋内の砂金とり体験室では、同時に最大100人が体験できる。

戦国時代の金山での作業やくらしのようすを紹介するジオラマ展示。

金山での作業を紹介したパネルと遺跡から発掘された鉱山道具。

写真（5点とも）：湯之奥金山博物館

とれた金はアクセサリーに

中世戦国時代に採掘された湯之奥金山の歴史を今に伝える博物館。映像やジオラマなどで金山での作業を紹介している。屋内の砂金とり体験室では、いつでも金山作業の一部を楽しみながら実体験できる。とれた金はオリジナルアクセサリーにもできる。また、湯之奥金山遺跡の見学会も開催している。

◉ **甲斐黄金村・湯之奥金山博物館**
住所：山梨県南巨摩郡身延町上之平1787番地先
電話：0556-36-0015

AREA
中津川市鉱物博物館
（岐阜県）

対象年齢：年齢制限なし

水晶をふくむ石英脈と、そのまわりの花崗岩が風化してくずれた土砂の中から鉱物をさがす。

ストーンハンティングの広場。

土砂の中から見つかった水晶。

写真（4点とも）：中津川市鉱物博物館

水晶をさがすストーンハンティング

水晶をはじめさまざまな鉱物の産地として知られる、岐阜県の苗木地方にある博物館。「日本三大ペグマタイト産地」とよばれる同地方で産出した、水晶やトパーズなどたくさんの鉱物に出会える。広場で開催される「ストーンハンティング」に参加することができる。

◉ **中津川市鉱物博物館**
住所：岐阜県中津川市苗木639-15
電話：0573-67-2110

AREA
秋田大学鉱業博物館
（秋田県）

対象年齢：小学6年生

自然のなかで鉱物をさがす。ハンマーで石をたたくと水晶などの結晶が出てくる。

山のなかの採集地点のようす。

持ちかえった石は割ったり、洗ったりする。観察をしたあと標本にする。

写真（4点とも）：秋田大学鉱業博物館

鉱物の展示が充実

日本唯一の鉱山専門学校だった秋田大学国際資源学部の付属施設。県内産の大きな鉱石の展示をはじめ、鉱物と鉱石の展示が充実している。毎年夏には小学6年生向けに、鉱物などをテーマにしたジュニアサイエンススクールを開校。研究者の指導のもと鉱山跡地で鉱物を採集して、標本づくりまでおこなう。

◉ **秋田大学鉱業博物館**
住所：秋田県秋田市手形字大沢28番地の2
電話：018-889-2461

AREA
佐渡西三川ゴールドパーク
（新潟県）

対象年齢：年齢制限なし

砂金をとるパンニング皿の使い方はスタッフが教えてくれる。

一度に500人が体験できる広い砂金とりコーナー。

砂金とり体験でとれた砂金。

写真（4点とも）：佐渡西三川ゴールドパーク

砂金山の跡地で砂金とり体験

佐渡島にある西三川砂金山の跡地に建つ体験型資料館。平安時代後期の『今昔物語』に名前がのっている歴史のある西三川砂金山は、明治時代初期に閉山された。施設では、金にまつわる展示とあわせて、砂金とり体験ができる。自分でとった砂金は、その場でキーホルダーやペンダントに加工してもらえる。

◉ **佐渡西三川ゴールドパーク**
住所：新潟県佐渡市西三川835-1
電話：0259-58-2021

AREA
大樹町カムイコタン公園キャンプ場
（北海道）

対象年齢：年齢制限なし

はじめて砂金とり体験をするときは、インストラクターのガイドつきがおすすめ。

歴舟川で砂金をとる人たち。専用の道具は貸しだしてくれる。

歴舟川の砂金とり体験でとれた砂金の粒。

写真（4点とも）：大樹町

自然の川で砂金とり体験

明治時代にさかんに砂金がとられていた、北海道の東部を流れる歴舟川。明治30年代には、1日に100gの砂金がとれる日が1週間続くこともあったという。北海道で最後となる砂金掘師が昭和46年まで残っていた。以降は、趣味で砂金をとる人に親しまれ、全国から愛好家が訪れている。

◉ **大樹町企画商工課商工観光係**
住所：北海道広尾郡大樹町東本通33
電話：01558-6-2114

AREA
鯛生金山地底博物館
（大分県）

対象年齢：小学生以上

水槽の中にしかれた砂の中から砂金や天然石をさがす。

パンニング皿を使った本格的な砂金とり体験。

とった砂金はこびんに入れて持ちかえることができる。

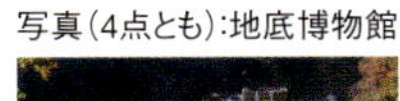

写真（4点とも）：地底博物館

近代化産業遺産で砂金とり体験

昭和初期には東洋一の金の産出量があった鯛生金山。昭和47年に閉山されたが、昭和58年に地底博物館としてオープンして現在にいたる。ライトアップされた約800mの観光坑道を歩くことができる。砂金とり体験ができる「ゴールドハンティング」は、パンニング皿を使った本格的なもの。

◉ **鯛生金山地底博物館**
住所：大分県日田市中津江村合瀬3750
電話：0973-56-5316

さくいん

あ

か

さ

文・監修：西本昌司（にしもとしょうじ）

愛知大学教授。広島県三原市出身。筑波大学第一学群自然学類卒業。同大学院地球科学研究科修士課程修了。博士（理学、名古屋大学）。専門は、地質学、岩石学、博物館教育。NHKラジオ「子ども科学電話相談」の回答者としても活躍中。著書に『くらべてわかる 岩石』（山と溪谷社、2023）、『観察を楽しむ 特徴がわかる岩石図鑑』（ナツメ社、2020）、『東京「街角」地質学』（イースト・プレス、2020）など。

取材協力（五十音順）
あおい商店、秋田大学鉱業博物館、甲斐黄金村・湯之奥金山博物館、奇石博物館、北垣俊明、佐藤友哉、佐渡西三川ゴールドパーク、鯛生金山地底博物館、大樹町、谷 健一郎、桐朋中学校・桐朋高等学校、中津川市鉱物博物館

写真・画像提供（五十音順）
石橋 隆、環境省、クリスタルワールド、三内丸山遺跡センター、竹下光士、堤 之恭、中村 淳、フォッサマグナミュージアム、古川邦之、門馬綱一、ArtistMiki、byjeng/PIXTA,Levon Avagyan、Mehmet Gokhan Bayhan、EgolenaHK、Zbynek Burival、Diluk Fernando、Finesell、Imfoto、loveaum、Лапоть、Alejandro Lafuente Lopez、mineral vision、NOAA、olpo、Roy Palmer、Stephen Richardson、Monika Stawowy、TinyMiracleShop、vvoe、www.sandatlas.org、Bjoern Wylezich、Grey Zone

おもな参考文献（順不同）
宮脇律郎ほか監修・著『Gem』（特別展「宝石　地球がうみだすキセキ」図録／国立科学博物館）
萩谷 宏ほか監修『小学館の図鑑NEO［新版］岩石・鉱物・化石』（小学館）
飯田孝一監修・川嶋隆義写真『ずかん 宝石』（技術評論社）
松原聰・宮脇律郎・門馬綱一著『図説 鉱物の博物学［第2版］』（秀和システム）
加藤碵一・青木正博著『賢治と鉱物』（工作舎）
奥山康子著『深掘り誕生石』（築地書館）
西本昌司著『観察を楽しむ 特徴がわかる 岩石図鑑』（ナツメ社）
西本昌司著『東京「街角」地質学』（イースト・プレス）

日本列島5億年の旅

大地のビジュアル大図鑑 5

大地をいろどる
鉱物

発行　　2024年11月　第1刷

装丁・デザイン
矢部夕紀子（ROOST Inc.）
デザイン
村上圭以子（ROOST Inc.）
DTP
狩野蒼（ROOST Inc.）
イラスト
マカベアキオ
写真撮影
宮本英樹
校正
有限会社あかえんぴつ
編集
畠山泰英（株式会社キウイラボ）

文・監修：西本昌司（にしもと しょうじ）
発行者：加藤裕樹
編集：原田哲郎
発行所：株式会社ポプラ社
〒141-8210
東京都品川区西五反田3丁目5番8号　JR目黒MARCビル12階
ホームページ：www.poplar.co.jp（ポプラ社）　kodomottolab.poplar.co.jp（こどもっとラボ）
印刷・製本：瞬報社写真印刷株式会社

ISBN978-4-591-18293-2／N.D.C.459/47P/29cm

日本列島5億年の旅

大地のビジュアル大図鑑

N.D.C.450

1. 地球の中の日本列島　監修：高木秀雄　N.D.C.455
2. 地球は生きている 火山と地震　監修（火山）：萬年一剛　監修（地震）：後藤忠徳　N.D.C.453
3. 時をきざむ地層　監修：高木秀雄　N.D.C.456
4. 大地をつくる岩石　監修：西本昌司　N.D.C.458
5. 大地をいろどる鉱物　文・監修：西本昌司　N.D.C.459
6. 大地にねむる化石　文・監修：田中康平　N.D.C.457

小学校高学年～中学向き

・B4 変型判　・各47ページ
・図書館用特別堅牢製本図書